청소년을 위한

최소한의

수학

1

청소년을 위한

최소한의
수학

1

수학 Ⅰ

고등학교 수학의 기초 다지기.
다항식의 연산에서
도형의 방정식까지

장영민 지음

궁리
KungRee

저자의 말

제가 고등학교 수학에 대해 새로운 생각을 하게 된 것은 미국 유학을 와서였습니다. 대학원 수준의 경제학 과목은 이과과목이 아니었지만 결코 만만치 않은 수학실력을 요구했습니다. 많은 밤을 고민하게 했던 한편 같이 공부하던 다른 나라 유학생들의 수학실력을 볼 기회도 주어졌지요.

그때 유럽 학생들은 우리와 다르게 수학을 배운 것 같다는 느낌을 받았습니다. 몇몇 독일이나 영국 출신 친구들의 경우 수학 개념을 공식을 외워내는 것이 아니라 마치 자신의 옛 경험을 되살려내는 듯, 머릿속에 공식이 아닌 이미지가 남아 있는 식으로 설명했던 것이 인상적이었습니다. 제 주변의 몇몇 학생들만을 관찰한 느낌이긴 합니다만 이 친구들은 자신들이 배운 고등학교 수학이 전체적으로 어떤 흐름이나 목적을 갖는지, 또 그 배경이 무엇인지도 자세히 알고 있는 듯했습니다. 수학을 공부하는 목적과 배경지식을 잘 알고 있어서 균형감을 가졌다는 느낌이었지요.

이들과 공부를 좀 더 해보면서 이런 접근 방식에 생각보다 큰 장점이 있다는 것을 발견했습니다. 이들은 우리와 같은 수준의 수학 지식을 가지고도 새로운 문제를 해결하는 데 보다 창의적인 경우가 많았던 것입니다. 이들은 시험이나 연구과정에서 수학 지식을 보다 잘 활용하는 듯 보였는데 거기에는 수학을 배우는 과정에서 비롯된 자신감과 주체성이 한몫하는 것 같았습니다.

우리나라 학생들이라고 이걸 마냥 부러워만 할 이유는 없습니다. 한국 학생들이 이해력이나 감각, 지식의 습득속도는 외국 학생들보다 더 나은 것 같으니까요. 배우는 과정에 조금만 다른 자극을 주면 그 효과가 크지 않을까 싶습니다.

제가 본 일부 학생들은 수학 개념을 배울 때 마치 그것이 우리가 범접할 수 없는 천재들이 엄청난 노력을 해서 완성해낸 것으로, 평범한 일반인들은 그것을 이해하지 못하는 게 당연하다는 듯 생각하는 것 같습니다. 아마도 그래서 원리를 이해하는 것보다는 답을 찾는 것에만 치중하곤 하는데 이런 방법은 창의력을 요구하는 문제에 취약하고 또 수학을 배우는 즐거움을 빼앗아가 버립니다. 다른 과목도 비슷하겠지만 수학의 경우 우리가 배우는 내용이 등장하게 된 배경을 알고 그것을 발견한 사람과 보다 친밀해진다면 (처음에는) 어려워 보이는 수학 개념을 이해하고 자신 있게 내 것으로 만들 수 있습니다. 알고 보면 이 책에 나오는 천재들도 우리는 도저히 따라갈 수 없는 고차원의 사고수준을 가지고 있지는 않았습니다. 지금 우리가 보기에 간단해 보이는 문제 때문에 수개월간, 수년간 고민하기도 하는 우리와 같은 인간들이었습니다.

고등학교 수학을 보는 새로운 눈

"수학을 왜 배울까? 도대체 이걸 어디에 쓰지?" 이 흔한 질문에, 지금껏 마음에 와닿는 대답을 들어본 적이 거의 없습니다. 대답은 늘 시원찮았습니다. 왜 그런가 생각해보면 이것이 몇 마디로 답해줄 수 있는 질문이 아니었기 때문입니다.

점수를 잘 받아서 대학에 가야 하니까, 논리력을 키워주니까, 수학을 통해 인류가 우주선을 만들고…… 등 답변은 수없이 많습니다. 틀린 것은 아니지만 만족스럽지 못합니다. 우선 누가 고등학교 수학을 마친다고 달에 비행기, 우주선을 날릴 수 있답니까?

답이 만족스럽지 못했던 이유는 수학을 하나의 기술(예를 들면 자동차 운전기술, 보석 세공기술 등)로 보고 그것을 중심으로 이해(또는 설명)하려 했기 때문입니다. 과거의 저를 포함한 많은 우리 학생들이 수학을 (살며 별 도움도 될 것 같지 않은) 계산기술로 생각했습니다. 고등학교 수학을 하나의 기술로 볼 것이 아니라 인류가 문명을 쌓아온 역사적 기록의 일부분으로 봐야 합니다. 고등학교 수학은 문화유산이자 역사입니다. 그것도 몇 년도에 누가 이랬다더라 하는 간접적인 역사가 아닌 그 옛날 그 누군가의 머릿속에 들어가서 그 똑같은 문제를 내가 직접 고민하고 해결해볼 수 있는, 말 그대로 살아 있는 역사입니다.

아마도 바로 이런 이유에서 문화유산이라는 생각이 안 들었는지 모르겠지만 인류가 쌓아온 그간의 업적 중 이것을 개인차원에서 직접 복기해보고 시뮬레이션 해볼 수 있는 것은 수학뿐입니다. 세종대왕의 한글을 다시 만들어볼 수 없고, 모차르트의 음악을 누구나 다시 지을 수 없지만 수학은 그것이 가능합니다. 수학은 그 옛날 그 사람들이 어떤 식으로 문제를 해결했는지, 어떤 한계에 직면했는지 등을 직접 체험해보도록 해줍니다. 고등학교 수학은 대략 19세기 초까지의 수학의 발전과정을 다룹니다. 누적된 수학 지식을 바탕으로 인류 문명의 폭발적인 발전을 시작하기 직전까지입니다.

그 엄밀하고 논리성을 중시한다는 수학 역시 한꺼풀 벗겨보면 '인간적'입니다. 때로 모순적이고 항상 변한다는 것입니다. 본문 내용 중에는 유럽인들이 미적분을 발견하고 도입하는 과정에서 수학도 정치·사회·문화의 갈등과 타협의 산물이라는 점을 보여주는 부분이 있습니다. 중국이나 인도, 아랍에 비해 세계문명의 변방이던 유럽이 짧은 시간에 다른 문화권을 넘어선 데에는 수학사의 한 장면이 숨어 있습니다. 유럽은 당시 사상적으로 위험하기까지 한 미적분 개념을 받아들일 사회적 포용력이 있었고, 그것이 유럽의 도약을 이끈 작지만 큰 계기가 되었다는 이야기가 있습니다. 이 책은 이렇게 '고교수학'이란 이름 뒤에 가려진 역사와 인간적인 이야기에 주목합니다.

이 책은 다음과 같은 특징이 있습니다.

· 예비 고등학생이나 현 고등학생들에게 고교수학의 의미와 배경을 알리는 것이 책의 목적입니다. 본격적으로 (문제풀이 위주인) 현행 고등학교 수학에 입문하기 전에 앞으로 이것을 왜 해야 하는지 큰 그림을 그려보는 책입니다. 가급적 중학교 수준의 수학을 가지고 고등학교에서 배우는 수학의 지형도를 파악할 수 있도록 구성했습니다.

• 중학교 수학수준에서 고등학교 수학을 공부하는 것이 쉽지가 않기에 상당부분을 [심화수업]이라는 형식으로 따로 구성했습니다. 당장의 중학교 수학 지식으로는 버겁지만 고교수학을 배워가면서 또는 배운 후에 종합적인 이해를 돕는 내용들입니다. 상위권 학생이나 고교수학의 제반 지식을 가진 독자들에게는 알고 있는 개념들을 왜 배웠는지, 어떻게 배운 지식들이 서로 연결되는지를 설명하여 전체적인 이해를 돕습니다.

고교수학을 처음 접하는 이들이라면 [심화수업]의 내용은 가볍게 읽어나가거나 고교수학을 배운 후 다시 보기를 권장합니다.

• 주요 대상독자들이 문과/이과 선택을 하지 않은 상태를 전제하여 문, 이과에 공통적인 내용만을 포함했지만 이과계열 수학 내용 중 필요한 것은 추가했습니다.(삼각함수, 원뿔곡선 등) 이 경우에도 [심화수업]이라 표시했습니다.

• 수학의 역사와 배경내용 중 고등학교 수학과 관련된 것만을 포함했고 강조했다는 점을 미리 밝힙니다. 일차적인 목적을 고등학교 수학을 이해하는 데 도움이 되는 배경지식을 제공하는 것에 두었기에 기존 수학 역사서에서 강조하는 내용이 빠지기도 하고 또 때에 따라서는 과장된 표현을 사용하기도 했습니다.

• 고등학교 수학을 역사와 배경 중심으로 설명하는 것이 목적이므로 최대한 스토리를 중심으로 엮어나가려 노력했고, 특히 아들과의 대화형식으로 읽기 쉬운 수학책을 선보이려 했습니다. 그러나 이 책도 결국 수학

에 관한 책입니다. 당시 수학자가 어떤 생각을 했는지를 보여주는 한편 필요하다면 그와 관련한 수학 개념을 설명하는 것에 집중했습니다.

'수학은 왜 존재하는가?' 질문을 다시 던지다

고등학교 수학을 제대로 배우고 이해한 학생은 우리의 현 문명 수준을 뒷받침하는 논리적·추상적 사고능력이 갖춰진 그 과정을 흡수하고 체화했다고 할 수 있습니다. 조금 과장하자면 적어도 1800년대까지 인류의 과학적 발전을 이끌어온 지적 능력을 고등학교 3년이란 단기간에 완성시켰다고까지 말할 수 있겠습니다.

우리나라의 고등학교 수학과정은 수학의 이런 기능의 90%를 채워주고 나머지 10%를 채워주지 못하고 있습니다. 90%인 이유는 역시 수학의 최우선 목적은 문제해결능력이기 때문입니다. 수학에 대한 이해능력을 측정하는 기준 중 가장 중요한 것은 결국 수학문제에 대한 해결능력입니다. 우리의 수학 교육과정이 나쁘지 않다고 생각합니다. 그동안 강조했던 많은 연습과 문제풀이가 힘들지만 우리 학생들의 경쟁력을 한 수준 더 올려줬으며 앞으로도 수학은 도전적인 과목으로 남아야 그 존재가치가 빛날 수 있습니다.

이 책의 주제는, 나머지 10%, 즉 우리가 배우는 수학의 의미에 관한 것입니다. 아마도 최상위권에 속하는 학생들, 수학에 탁월한 재능이 있는 학생들은 이 책이 필요 없을지도 모릅니다. 이 책은 수학과목에 노력과 시간을 투자해야 하는 이유를 미리 알고 싶은 학생 또는 지도자에게 필요한 배경 스토리를 전달하고자 합니다. 개인적 성향에 따라 어떤 학생들은 이 10%에 대한 궁금증이 풀리지 않으면 수학에 도무지 관심을 갖지 못하는 경우도 많습니다. 특히 문과지망생들인 경우 더욱 그런 것 같습니다. 어떤 주제든지 그 배경을 알고 역사를 알아야만 올바르게 접근할 수 있고 쉽게 이해할 수 있는데, 이 책은 이런 점을 보강하고자 합니다.

고등학교 수학을 공부하며 기타 참고서와 이 책을 병행하면 더 좋겠지만 우리나라 고등학생들이 그렇게 하긴 쉽지 않다고 합니다. 그래서 책의 수준을 중학교 3학년을 마친 학생으로 정했습니다. 학생들에게 처음엔 버거울 만한 부분은 [심화수업]으로 분리하여, 고등학교 수학을 이해한 후 다시 볼 수 있도록 했습니다.

수학은 외롭게 혼자 문제를 해결해야 하는 개인적인 도전이면서 동시에 사회적·정치적 발전과 변화의 산물이었습니다. 또 무미건조해 보이는 고등학교 수학의 각 부분들(수학 I, 수학 II, 미적분 등)도 자세히 들춰보면 나름의 사연과 스토리가 있습니다. 수학에 얽힌 이야기를 접하며 학생들이 수학과 친해지고, 또 적극적으로 배우려는 동기를 갖게 되기를 기원합니다.

끝으로, 처음 이 책을 쓰기 시작할 당시 격려와 지원을 아끼지 않으셨던 K2 코리아의 정영훈 대표이사께 깊은 감사를 전합니다. 김주희 편집자를 비롯한 궁리출판의 동행도 큰 힘이 되었습니다. 누구보다 이 책이 세상에 나오기까지 고생했던 아내 원경에게 감사하다는 말을 전하고 싶습니다.

2016년 4월
장영민

불량 아빠

중3을 마친 아들이 수학을 못한다고 졸지에 불량 아빠로 낙인 찍힌 인물이다. 본인도 과거 수학을 싫어해서 아이들의 심리를 잘 알고 있다. 소심함과 식탐이 주요 특징이다.

모태솔로 사촌형

대학원에서 수학을 전공하고 있다. 수학 이야기를 시작하면 한번에 너무 많은 것을 설명하려 해서 아이들을 괴롭힌다. 수학에 빠져 살다 제대로 된 연애 한 번 못해봤지만 정작 본인은 수학을 통해 인생을 배웠노라고 주장한다.

우식이

현재까지는 장래 희망이 소설가라고 하는데 언제 또 바뀔지 알 수 없는 인물이다. 수학을 포기하려고 수작을 부리는 것 같기도 하다. 고등학교 수학에 불만이 많다. 사실 이 책의 매 단원은 우식이의 수학에 대한 불만에서 시작된다.

동현이

가끔 명석한 문제해결능력을 보이고 재능도 있지만 친구를 잘못 만나 여지껏 고생하고 있다.

Day 0

불량 아빠,
수학특강을
열다

내 아들 우식이와 우식이 친구 동현이는 이제 고등학교에 들어간다. 둘은 초등학교 때부터 단짝으로 지금도 하루의 대부분을 함께 보낸다. 사는 아파트 동이 같아서 늘 붙어 지내더니 며칠 전에는 한목소리로 '수학 포기' 선언까지 하고 나섰다. 학원에서 고등학교 수학 내용을 듣고 오더니 둘 다 기겁을 해서 수학을 포기하겠다고 난리가 났던 것이다.

몇 년 전, 그러니까 중학교 1학년 때까진 내가 직접 우식이 공부를 봐주기도 했는데, 그 나이 때 나보다 뛰어나서 내심 우리 집안에 영재가 나온 게 아닐까 하고 생각했었다. 어렸을 때 생각만 하고 지금도 잘하고 있을 줄 알았는데, 우식 엄마 말을 들어보니 성적이 점점 하락세를 보이고 있다고 한다.

우식 엄마는 나보고 자신만 챙기는 불량 아빠란다. 좀 억울하지만 어쩌겠는 가?

어렸을 때 우식이가 영재가 아닐까 생각했었고 그래서 균형을 맞춘답시고 공부보다는 인성을 키우고 스포츠를 배우도록 했더니 몸만 튼튼해졌다. 확실히 영재가 아닐뿐더러 고등학교에 가서 공부의 재미를 느끼며 학업을 해나갈 수 있을지 걱정이다. 게다가 우식 엄마가 너무 오냐오냐하며 혼내지 않고 키워서 버릇도 없어진 지 오래다.

고등학교에 들어가기 전인 지금이 어쩌면 마지막 기회일 것 같다. 수학 공부도 공부이지만 이번 방학 동안 함께 시간을 보내고 살갑게 얘기도 해보며 그동안의 소원함을 만회해봐야겠다. 들어보니 동현이와 우식이는 둘 다 국어, 영어는 곧잘 하는데 수학에 자신 없어한다. 그냥 기계적으로 공식을 외워서 시험에는 근근히 버텨나가지만 왜 해야 하는지 모르겠다며 항상 툴툴거리고, 수학이 도대체 사는 데 왜 중요하냐며 대놓고 부모들에게 대들기도 한다는 소문이다.

이 기회에 수학이 왜 필요한지, 왜 이런 수학 개념들이 나왔는지 등 내가 그 시절 가졌던 의문들에 대한 답을 아이들에게 전해주려 한다. 아이들이 왜 수학을 공부해야 하는지 정확히 알 수만 있다면 앞으로 고등학교에서 3년간 열심히 노력할 동기부여가 될 것이다. 그리고 나도 이 기회에 멋지게 이 억울한 '불량 아빠' 딱지를 떼보려고 한다.

불량 아빠 : 엄마가 그러던데 너희들 수학 때문에 대학 가기 어려울 거 같다고 했다며? 우식이 너는 몇 년 전까지만 해도 수학이 그나마 할 만하다고, 암기과목은 싫다고 했었잖아.

우식이 : 그건 나의 전성기 때 얘기였지. 미리 고등학교 수학을 좀 봤는데, 내 적성에 안 맞는 것 같아. 중학교 수학과 달리 고등학교 수학은 답을 보면 아는 것 같은데 정작 문제를 보면 아무 생각이 안 나. 지금 생각해보니까 여태까진 외워서 그나마 버틴 거고 외울 게 많아지니까 한계에 다다른 것 같아. 다른 과목도 외울 것 투성인데, 이젠 잘 외워지지도 않고…….

불량 아빠 : 그럼 중학교 수학 내용은 제대로 이해하고 있는 것 같아?

우식이 : 중학교 내용은 양이 적어서 그런지 이해도 확실하게 했지. 고등학교 수학은 왜 이렇게 할 게 많은 거야?

불량 아빠 : 그 말이 사실이라면 아직 희망은 있군. 확실하지? 미리 말하지만 중학교 수학 내용이 왔다 갔다 정리가 덜 된다면 그것부터 공부하는게 가장 빠른 길이야. 괜히 고등학교 내용 봐야 시간낭비야. 동현이 너도 중학교 수학 내용은 자신 있냐?

우식이 : 애가 중학교 마칠 때까진 나보다 수학 더 잘했어. 물론 지금은 나와의 의리를 지키며 같이 헤매고 있지만. 하하하.

불량 아빠 : 자, 그럼 정리해보자. 중학교 수학의 내용은 제대로 이해하고 있는데 고등학교 수학은 도저히 이해가 안 되고 도대체 이걸 왜 배워야하는지 이해가 안 간다. 그래서 그냥 외워보려 했더니 그마저도 안 되더

라 이런 얘기냐? 동현이 너도 마찬가지고?

둘 다 : 예, 바로 그거예요!

중학교까진 배우는 내용 자체가 직관적이어서 좀 관심을 갖고 들여다보면 알 만한 내용인데 고등학교 과정에서는 새로운 수학기호도 외울 공식도 많아지고 또 직관(현실)과 달라 보이는 추상적인 내용도 나오니 애들 입장에서 그럴 만도 하다. 이런 걸 시원하게 설명해주는 선생님 만나기도 쉽지 않다. 좀 더 아이들을 관찰하고 기본실력이 어느 정도인지 봐야겠지만 둘다 머리가 나쁘지는 않다. 방향만 잡아주면 잘할 수 있을 것 같기도 하다.

수학은 짜증나, 왜 배워야 돼?

불량 아빠 : 다시 얘기해볼까? 그래, 문제가 뭔데? 우식이 너 중학교 때까진 경시대회도 나가고, 수학 자체에 관심도 많았잖아?

우식이 : 그랬…… 었지. 고등학교 수학을 방학 때 조금 보다보니 중학교 때와는 달리 배우는 내용이 이해가 잘 안 가는 거야. 새로운 공식이나 수학기호 같은 것들도 누군가가 발명했을 테고 교과서에 실린 이유가 있을 텐데, 그런 건 책이나 참고서에서 설명해주지 않고 문제만 풀라고 하고 있어. 예를 들어 삼각비는 누가 처음 발견했고 왜 배워야 하는지, 그리고 중학교 때 배운 삼각비가 왜 고등학교에선 삼각함수라면서 다시 나오는지. 이런 것들을 모르고 문제만 푸니까 뭔가 배우는 느낌도 없고…….

동현이 : 수학문제를 풀면 답이 풀릴 때는 기분이 좋지만 그러기 위해서는 머리를 써야 되고 또 외우는 과정이 정말 힘들어요. 최소한 어떤 배경에서 이런 문제나 개념들이 나왔는지 어느 정도 알고 하면 좋을 텐데…… 그런 건 책에도 없고.

우식이 : 그것보다 그런 개념들이 도대체 우리가 살아가는 데 어떻게 도움이 된다는 거지? 아빠 회사에서 미적분 써? 아니잖아?

불량 아빠 : 어…… 나 쓰는데. 아빠가 하는 일은 간단히 말하면 백화점에서 파는 물건들이 언제 세일을 하면 또는 얼마에 팔면 가장 이익이 많이 남는지 컴퓨터로 계산하는 일이야. 고객들의 취향도 분석하고. 빅데이터라고 들어봤지? 많은 정보를 미적분을 통해서 분석하고 그에 따라 전략을 세우지.

우식이 : …… 아빠는 그렇다고 쳐도, 대부분 사람들은 아닐 것 아니야.

동현이 : 저는 수학이 도움이 될 것 같다는 생각도 들긴 하지만 한국의 수학 교육과정에 불만이 많아요. 분명히 중요하니까 저희를 이렇게 괴롭히는 것일 텐데, 왜 중요한지, 어떻게 나온 건지 이런 건 왜 안 가르쳐주죠? 왜 그런지를 알아야 배우죠. 학교 선생님한테, 학원 선생님한테 물어봐도 대답은 항상 똑같아요. 일단 외우다보면 알게 된다고. 맨날 소통이다 뭐다 하면서 정작 부모님이나 선생님들은 대화는 안 하고 공부만 하라고 하세요.

불량 아빠 : 내 얘기 하는 거냐? 사실 학원이나 학교 선생님들 입장에서는 대학입시가 워낙 중요하기 때문에 너희들이 점수를 잘 받도록 문제풀이 위주로 가르쳐줄 수밖에 없는 상황이야. 그런 거 일일이 설명하다보면 문제 풀어볼 시간이 없어. 그래서 내가 방학 중에 너희들이 궁금할 만한 것들을 다 설명해주겠다, 이거 아니겠니.

우식이 : 그런데 어쩌지. 나 얼마 전에 인생설계 다시 했어. 나는 우리나라 최고의 소설가가 되고 싶어. 졸업하면 아마 수학이 필요할 일은 없을 거야.

불량 아빠 : 네 인생 목표는 매주 바뀌는구나.

수학을 세상을 살아가는 데 필요한 기술이라고 생각한다면 수학을 배우지 않아도 될 여러 이유가 생기긴 해. 하지만 관점을 다르게 해서 봐봐. 수학을 인류의 문화유산이라고 생각해보자 이거야. 세종대왕의 한글처럼, 우리 조상들이 먼 옛날부터 오늘날까지 생존을 위해서 또는 심심해서 '잔머리'를 굴려온 기록이라고 생각해봐.

문학이나 역사는 재미있게 공부하면서 정작 우리 인간의 가장 강력한 무기인 '머리'를 써서 생존하고 번영해온 생생한 증거들에는 관심이 없다는 게 말이 좀 안 되잖아? 유홍준 교수가 쓴 『나의 문화유산답사기』에 이런 말이 나오지. "아는 만큼 보인다"라고. 수학도 마찬가지야. 수학을 알면 시야가 달라지는 거야. 모르면 안 보이니 필요없다고 느낄 수 있겠지.

앞으로 며칠간 우리가 고등학교에서 배우게 되는 수학 개념들이 왜 인간으로서 지켜야 할 문화유산인지를 함께 살펴보자.

특히 고등학교에서 배울 수학을 전반적으로 훑어보고 시간이 되면 수학 개념도 조금 보겠지만 무엇보다 왜 이런 수학 개념들이 나왔는지 역사적인 배경을 알아보려고 해. 사실 너희들이 고등학교에 들어가면 이런 것을 공부할 시간이 거의 없어. 시험에 나올 실전문제들을 보기 바쁠 테니까.

이 아빠의 방학특강에서는 너희들이 그런 고난의 단계에 들어가기 전에 이걸 왜 해야 하는지 근본적인 질문에 대해 답해주려고 해. 어쩔 수 없이 수학문제가 나오긴 하지만 적어도 너희들이 앞으로 3년간 볼 문제보다는 훨씬 인간적인 문제들일 거야.

둘 다 : 해보지 뭐……. 다른 학원은 안 가도 되는 거지(요)?

불량 아빠 : 그럼 물론이지. 내일부터 시작하자.

Day 1

고등학교
수학의
목적과 구조

고등학교 수학 교과서는 어떻게 구성되었나

불량 아빠 : 다른 과목도 마찬가지지만 수학은 특히 그 구조와 체계를 잘 알고 시작해야 한단다. 그러기 위해 우선, 고등학교 수학책을 앞에 두고 이 책을 쓴 사람이 너희에게 하고 싶은 말은 무얼까 또 바라는 건 뭘까 고민해보고 대략이라도 감을 잡고 있어야 해.

믿기지 않겠지만, 고등학교 수학의 목적은 우리가 체계적으로 생각을 하고 우리 현실의 문제를 해결해주기 위한 거야.

수학의 가장 큰 두 가지 목적은 첫째, 현실에서 우리가 접하는 문제를 단순화 · 명료화해서 분석이 가능하게 만들어주는 것, 둘째, 예측과 측정을 가능하게 해주는 것이야. 고등학교 수학도 기초적인 내용이지만 그 목적은 같아. **수학 I, 수학 II, 벡터/기하**는 어느 정도 첫 번째 목표를 이뤄주고 **미적분 I, II, 확률/통계**는 두 번째 목표를 이뤄준다고 할 수 있지.

교육과정 중심으로 볼 때 고등학교 수학에서 가장 핵심적인 것은 미적분이야. 사실 수학 I과 수학 II는 미적분을 배우기 위한 준비단계라고 할 수 있지. **수학 I**에서는 대수학과 해석기하를 주로 다루는데 미국에서는 'Algebra'라고 하지. 역사적으로 미적분이 발명되기 직전 단계에서 당시 사람들이 관심을 가졌던 내용들을 배워. **수학 II**는 미국 교육과정으로 보면 Pre-Calculus 또는 Algebra 2(미적분 준비과정)에 해당하는 내용들인데 나중에 미적분을 배울 때 여러 개념을 이해하고 증명하는 과정에 도움이 될 내용들이 주로 나와. **벡터/기하**는 약간 짬뽕이야. 대수학, 미적분의 이론과 연관이 있고 또 미적분을 현실적으로 응용하는 데 필요한 내용들이 포함되어 있어.

마지막으로 **확률/통계**는 사실 조금 동떨어져 있긴 한데, 워낙 실생활에 쓸모가 많아서 알고 넘어가야 하기에 포함된 거야. 확률/통계도 대부분 미적분을 이용해서 발전된 것들인데 증명이나 원리문제는 고등학교에서 배우는 수준을 넘어서기 때문에 우리는 주로 그 개념들을 응용해서 사용하는 방법만 배워. **미적분 I, II**에서는 당연히 미분과 적분을 배우지.

역사적으로 보자면, 우리가 배우는 수학의 체계는 유럽인들이 잡아놓은 것인데, 그것은 그리스와 인도 수학 없이는 이뤄질 수 없었어. 기원전

450년부터 그리스에서 시작되고 대략 5세기 이후 인도가 더욱 발전시킨 기하학과 대수학을 아랍인들이 번역을 통해 보관해왔었고 뒤늦게 문명에 눈을 뜬 유럽인들이 이것들을 활용해서 자체적으로 발전시켜 나갔거든. 미적분은 유럽에서 체계적으로 만들어낸 거고.

17세기 들어 미적분이 뜨면서 대수학이나 기하학은 미적분을 위해서 존재하는 수준으로 내려가지. 내려간다는 게 중요하지 않다는 것이 아니라 기초가 된다는 의미야. 기하학과 대수학을 확실히 해놔야 미적분을 이해할 수 있다는 거야.

미적분은 함수의 극한으로 정의되는데 극한을 알려면 수학 I, 수학 II에서 다루는 개념들을 제대로 알아야 해. 앞으로 설명할 테지만 함수와 수열은 연결되어 있고 극한에 적용할 수 있어. 한편, 물리학의 아버지이자 미적분을 발명한 뉴턴도 대수학의 대가였고 라이프니츠 등 많은 수학자들이 대수학과 기하학에 능해서 다항식/방정식을 자유자재로 다뤘었어. 내가 앞으로 너희들에게 알려주고 싶은 건 옛날 사람들이 어떻게 지금 너희들 교과서에 있는 내용을 만들어냈을까인데, 내 생각에는 수학 I, II만 확실하게 해놓으면 그 사람들이 남겨놓은 식들을 대부분 이해할 수 있을 거야. 물론 현대식의 수학기호로 바꿔야 해서 조금 불편하긴 하겠지만.

마지막으로 하나 덧붙일 점은 미적분이 극한의 개념에 기초한 것인데 극한의 개념에 대해 수학자들이 증명을 하지 못한 상태에서 미적분을 발전시켰고 활용방법을 개발해왔다는 거야. 한참 발전을 시켜놓고 그 후에 증명을 위해 노력했다는 건데 당시 극한 개념을 받아들이는 데 정치적·종교적으로도 얽혀서 상황이 복잡했었지. 이런 걸 보면 수학도 인문학적이고 역사적인 요소가 많은, 사람이 만든 학문이란 걸 알 수 있어. 아주 재밌는 부분이니까 나중에 따로 설명해줄게.

미적분은 수학 중에서도 특별한 분야야. 고대 그리스 시대 이후 증명에 목숨 거는 수학자들이 엄밀한 증명 없이 사용할 정도로 매력이 있는, 즉 쓸모가 많은 분야거든. 그렇기 때문에 고등학교 수학의 목표는 미적분을 이해할 수 있도록 하는 것이고. 다시 말하지만, **수학 I**과 II는 미적분을 이해하기 위해서, **기하와 벡터**는 미적분을 적용하기 위해서 배우는 것이라고 보면 돼.

수학 역사의 관점에서 보면 미적분이 나온 이후 여기에 대한 논리적인 보완이 시작되면서 수의 체계, 함수, 수열, 집합, 극한 등 우리가 이제부터 배우게 될 내용들이 체계를 잡게 된 거야. 수학의 발전과정은 바로 땜빵의 역사라 할 수 있지. 어떤 수학자[1]는 수학의 발전이 5층짜리 건물을 다 만들어 한참 사용하다가 보니 흔들려서 기초공사를 시작한 꼴이라고 말하기도 했어.

한마디로 별거 아니란 얘기야. 수학이 어렵지만 이 역시도 사람이 만든 것이라서 일단 벌려놓은 다음에 여기저기 구멍난 곳을 메우기도 하고 시행착오도 겪으면서 오늘날까지 온 거야. 수학은 그리스어로 아주 의미 있는 뜻을 지니고 있어. $\mu\acute{\alpha}\theta\eta\mu\alpha$, 생긴 건 이런데 우리말로 풀면 '배울 수 있는 그것'[2]이란 뜻이야. 그 당시 그리스인들도 수학을 어렵게 생각했지만 내가 말한 것처럼 노력하면 또 되는 게 수학이란 걸 안 거야. 사람이

---

1   Morris Kline, *Mathematics: The Loss of Certainty*, 208쪽.
2   Barry Mazur, *Imagining Numbers*, 38쪽.

다 비슷비슷해서 내가 어려우면 남들도 어려운 거니까 자신감을 가져.

　　내일부터는 연습장과 연필을 준비해라. 내가 말하는 것을 듣기만 하는 것과 너희가 직접 손으로 쓰고 풀어보는 것은 다르니까. 오늘은 첫날이니까 여기까지!

수학

I

Day 2

수와 식의
새로운 이름은
대수학

이제 고등학생이니 대수학을 배우자

우식이 : 어제 잠이 안 와서 밤새 고민해봤지만 수학의 목적이 잘 이해가 안 가. "현실에서 우리가 접하는 문제를 단순화·명료화해서 분석이 가능하게 만들어준다"라는 첫 번째 목표 말이야. 그게 무슨 말이지? 두 번째 목표, 예측은 대략 통계도 이용하고 하면 가능할 것도 같은데……. 그러니까 도대체 뭘, 어떻게 단순화한다는 건지 모르겠어.

불량 아빠 : 고민을 좀 했구나. 좋아, 훌륭한 자세야. 우식이 같은 생각을

하는 중학생들이 많아서 그런지 요즘 고교 교과과정은 바로 시작하자마자 그 질문에 답을 해줘. 조금 길지만 일단 들어봐.

고등학교 수학에서 가장 먼저 나오는 게 다항식의 연산과 인수분해, 나머지 정리 이런 것들이야. 여기서 핵심은 다항식(항등식, 방정식, 부등식)을 자유자재로 다루는 능력인데 우리가 초등학교와 중학교 때 배워서 숫자를 더하고 빼고 곱하고 나누는 것을 이제 쉽게 하듯이 앞으로 다항식도 그렇게 다룰 줄 알아야 한단다. 왜냐면 다항식의 교환법칙, 결합법칙, 분배법칙 같은 연산법칙들과 기법들이 고등학교 수학 내내 사용될 거거든.

이미 비슷한 내용을 중학교 때 '수와 식'이라고 해서 배웠을 텐데 이것이 좀 더 복잡해진 거니까 시간을 더 투자해야 할 거야. 이게 별로 어렵진 않지만 앞으로 필요한 수학의 기초를 다지는 것으로 나중에는 미적분까지 연결되는 핵심적인 내용이야.

우리가 수학 I에서 배우는 내용은 대수학(한문으로는 代數學, 영어로는 Algebra)이라고 불리는데 앞으로 소개할 많은 수학자들이 대수학의 전문가들이고 이 대수학을 통해서 수학을 발전시켜. 그 얘기는 곧 너희들이 지금 대수학을 제대로 못 다루면 앞으로 고생길이 열린다는 얘기지.

아 참, 대수학이 뭐냐고? 쉽게 말해 다항식/방정식 다루는 여러 기법들이야. 너희들이 알고 있는 '수와 식'이 좀 더 발전된 것이라고 보면 돼. 대수학의 영어명인 Algebra라는 말은 아랍인들이 옛날에 스페인을 지배하면서 그 지역에도 전파됐는데, 뜬금없게도 이 말은 뼈를 맞추는 접골원이란 뜻으로 쓰였대. 수와 식을 이리저리 돌려서 끼워 맞추는 것이 유사하기 때문에 이런 단어를 붙인 것 같아. 아직도 스페인에서는 이발소나 접골원이란 뜻으로 사용된다고 해. 앞으로 방정식문제를 풀 때 사람뼈 또는 레고조각을 맞춘다는 생각으로 풀면 좀 더 쉬워지지 않을까?

　혹시 중학교 과정에서 '수와 식'을 배울 때 알고 넘어갔는지 모르겠는데 현실의 문제를 알파벳 기호(x, y, a, b, c 등)를 통해 수식화하는 능력은, 느끼지 못하겠지만 엄청 대단한 거야. 인류가 수학과 관련해서 돌파했던 첫 번째 한계가 숫자의 도입과 추상화 그러니까 예를 들어 3이라는 숫자를 통해 손가락 세 개, 닭 세 마리 등을 자유자재로 표현할 수 있는 능력을 갖게 된 거고 그다음이 미지의 수나 임의의 수에 대해 문자(알파벳 기호)를 써서 수식을 만든 거였어. 이게 천 년 이상 걸려 인간이 해낸 업적인데 너희들은 중학교 3년 동안 배운 거야. 난 너희들이 자랑스럽다.

　문자를 대신 사용하여 계산을 한다는 것은 이제 우리가 고차원적인 사고를 한다는 증거야. 산수에서 수학으로 넘어가는 거지. 나중에 미적분 배울 때 다시 만날 라이프니츠 같은 사람은 "이 기호를 사용하는 대수학이 인간을 상상력으로부터 구해주고 또 완벽한 상상을 하게 해준다"고 극찬을 한 적도 있지.[3] 내 생각이지만 아마도 우리보다 수준이 높거나 비슷한 외계인이 인간의 지능이 어느 정도인지 테스트해보려고 한다면 이러한 능력을 시험해보지 않을까 싶어. 무슨 말인지 모르겠다고? 예를 들어 설명해보자.

3　　Gottfrined Wilhelm Leibniz, *Monadology and other Philosophical Writings*, 147쪽.

대수학을 모르면 세상 살기 힘들어

불량 아빠 : 너희들 야바위꾼이 뭔지 알아? 길거리에 죽치고 앉아서 너희 같이 어수룩해 보이는 애들한테 사기를 쳐서 돈을 뺏는 사람들을 야바위꾼이라고 해. 아빠 어릴 적에는 동네마다 한두 명씩 있었는데 요즘엔 별로 안 보이더구만. 자, 너희가 이제 동네를 지나가는데 야바위꾼이 하나 있다고 하자.[4] "학생 이리 와봐" 하고 우식이 너를 부른다. 어리버리 우식이는 거절도 못 하고 끌려가겠지. 야바위꾼이 우식이 네가 아무 숫자나 마음속으로 결정하면 그것을 맞힐 수 있다고 장담하고 있어. 자기가 못 맞히면 우식이 너한테 5만 원을 주고, 맞히면 5만 원을 달란다.

지금 이런 상황이라고 치고 우식이 네가 아무 숫자나 선택해봐. 정했어?

이젠 야바위꾼이 **그 숫자에 10을 더하고, 3을 곱한 후 30을 뺀 결과를** 알려 달라고 하네. 네 마음속으로 정한 숫자가 10이라면 너는 30(＝(10＋10)×3−30)이라고 알려주겠지? 이 야바위꾼은 우식이 네가 속으로 생각한 숫자가 10이라고 정확히 바로 맞힐 거야.

이 사람이 초능력을 가진 것 같아? 이 야바위꾼이 사람속을 읽는 재주라도 가지고 있을까? 아니야, 우식이 너는 야바위꾼에게 이미 답을 말해줬어. 야바위꾼이 한 말을 방정식 형태로 써보면 이거잖아.

$$3(x+10)-30=?$$

---

4   Morrs Kline, *Mathematics for Non Mathematicians*의 내용을 재구성.

우식이 네가 30이라고 말했으니 x값은 $3x + 30 - 30 = 30$이므로 $3x = 30$, 즉 10이 되는 거야. 야바위꾼은 네가 말해준 숫자를 3으로 나누기만 하면 답이 나오는 거지.

이렇게 간단한 수식을 말로 풀어놓으니 복잡해 보였던 거지 별거 아니지?

말 나온 김에 하나 더 보자. 너희들 아르키메데스가 목욕탕에서 '유레카!'를 외치며 뛰어 나온 얘기는 알고 있니?

동현이 : 아, 그거 왕이 아르키메데스한테 왕관이 순금인지 아닌지 알아내라고 명해서 고민하다가 목욕탕에서 알아낸 일화 아닌가요?

불량 아빠 : 그렇지. 아는 얘긴 것 같지만 좀 더 자세히 설명해줄게. 여기에도 방정식이 나오거든.

고대 그리스의 수학자이자 물리학자였던 아르키메데스는 시칠리아 섬의 시라쿠사에서 살았는데 그 지역의 히에로(Hiero)라는 왕이 자신의 왕관이 순금이 아니고 은을 섞은 것 같다는 의심이 들어서 이걸 아르키메데스에게 부수지 말고 알아내라고 명령을 내렸대. 그래서 고심하던 아르키메데스가 목욕탕에서 방법을 알아내고 유레카를 외쳤다는 이야기지. 여기까지는 알고 있지?

아르키메데스가 이것을 알아내는 과정에서 방정식을 사용해. 지금 설명하는 방정식이 나오기 때문에 유명한 일화로 남아 있는 것이지. 사실 왕관 때문에 목욕탕에 물이 넘치는 걸 보고 발가벗고 뛰쳐나왔다고만 하면 그건 그냥 정신 나간 사람의 이야기일 뿐 별 내용이 없지 않겠니? 중

아르키메데스(기원전 287?~기원전 212?)
지렛대의 원리, 원뿔ㆍ구ㆍ원기둥 사이의 부피의 비, 부력의 원리 등을 알아낸 고대 그리스의 수학자, 물리학자.

요한 것은 지금 설명하려는 방정식이었어.

아르키메데스는 모든 사물이 부피가 같아도 무게가 다를 수 있다는 점에서 착안해서 같은 무게의 은이 같은 무게의 금보다 더 부피가 크다는 점을 이용했지. 왕관에 얼마만큼의 은이 들어 있는지 알아보려고 한 거야. 아르키메데스는 다음과 같이 추리를 하고 수식을 만들어나갔어.[5]

만약에 왕관이 10파운드라고 치고, 여기에 w_1파운드만큼의 은과 w_2파운드만큼의 금이 들어 있다고 하자. 아르키메데스는 은 10파운드를 물에 넣었을 때 30입방인치(inch³)의 물을 밀어낸다는 것을 알고 있었어. 그러므로 w_1파운드의 은은 $(w_1/10) \cdot 30$이니까 $3w_1$입방인치만큼의 물을 밀

---

5   Morris Kline, *Mathematics and the Physical World*, 64쪽.

40   청소년을 위한 최소한의 수학 1

어내는 것을 알 수 있지. 한편, 10파운드의 금은 15입방인치의 물을 밀어내므로 w_2파운드의 금은 $(w_2/10) \cdot 15$ 즉 $3/2 w_2$입방인치의 물을 밀어내게 된다. 이제 왕관은 $3w_1 + 3/2w_2$만큼의 물을 밀어낼 거야. 밀려나온 물의 양을 재어보니 20입방인치가 나왔다고 하면 이제 아래와 같은 하나의 방정식이 완성되겠지?

$$3w_1 + \frac{3}{2}w_2 = 20$$

그리고 우리는 다음의 방정식도 이미 알고 있잖아.

$$w_1 + w_2 = 10$$

미지수가 2개 있고 식이 2개 있는 방정식 정도는 계산할 줄 알 테니, 답을 구해보면 $w_1 = 3\frac{1}{3}$, $w_2 = 6\frac{2}{3}$가 나오겠지. 아르키메데스는 이런 식으로 왕관이 순금이었는지를 알아냈는데, 결국 순금이 아니었던 것으로 밝혀져서 왕관을 만든 사람은 처벌을 받았어.

이거 봐! 아르키메데스가 도와줬길래 망정이지, 왕도 대수학을 잘 몰라서 사기당할 뻔했잖아.

어때? 중학교 때 배웠던 수와 식이 생각보다 쓸모가 많지? 이런 현실 문제를 수식으로 나타내는 것을 중요하게 생각한 인물 중 가장 유명한 사람은 만유인력의 법칙과 미적분으로 이름을 알린 아이작 뉴턴(Isaac Newton)이었어. 뉴턴이 케임브리지 대학 강의에서 사용했던 문제는 아직도 시험문제로 가끔 나오는데 혹시 보게 되면 뉴턴을 기억해줘. 자, 이 문제를 풀어보자. 이래 봬도 당시엔 고급 인재들만이 풀 수 있는 문제였어.

"두 명의 신문팔이 소년, A, B가 59마일 떨어진 거리에서 달려오는데 A는 2시간에 7마일을 달리고, B는 3시간에 8마일을 달린다. B는 A보다 1시간 늦게 출발한다. A가 B를 만났을 때까지 달린 거리는?"

"책을 필사하는 서기 한 명이 8일 동안 15장을 쓸 수 있다. 406장을 9일 만에 쓰려면 몇 명의 서기가 필요한가?"

x를 찾아라!

불량 아빠 : 그런데 이렇게 수학을 기호를 써서 체계적으로 사용하기 시작한 사람은 누구였을까? 그건 바로 프랑수아 비에트(François Viète)였어. 그 이전에도 아랍인들이나 그리스인들이 기호를 이용했다는 설도 있고 16세기 이탈리아의 수학자 봄벨리(Rafael Bombelli)가 먼저 사용했다는 이야기도 있는데 확실하게 기록에 남아 있는 건 비에트야. 이런 방법을 널리 유행시킨 장본인이라고도 하고.

그가 살던 중세 유럽은 라틴어 문화권이었던 터라 당시에는 비에트 대신 프란키스쿠스 비에타(Franciscus Vieta)라는 라틴어 이름으로 널리 알려져 있었어. 1540년 프랑스에서 태어난 비에트는 본업이 변호사였는데 수학, 그중에서도 대수학 분야에 큰 성과를 이뤘어. 고대 그리스의 수학자 디오판토스의 책을 참고해서 방정식 개념을 최초로 정의하

비에트(1540~1603)
16세기 프랑스 수학자로 수학에 문자를 체계적으로 사용해 대수학의 아버지로 불린다.

고 우리가 쓰는 수학의 수식과 유사한 것들을 최초로 만들어냈거든.

비에트는 프랑스의 개신교도여서 당시 가톨릭(천주교)과 종교 분쟁에 휘말렸는데 개신교를 대표하는 프랑스의 앙리 4세를 도와 가톨릭 쪽인 스페인 필립 왕의 암호를 해독해내기도 했어. 또 네덜란드 외교관이 프랑스인들의 수학실력을 무시하며 풀 수 있겠냐고 냈던 방정식 문제를 삼각함수를 응용하여 풀어내서 앙리 4세를 기쁘게 하기도 했지. 파란만장한 인생을 살았고 삼각함수, 방정식, 근의 계수 등 수학적 업적도 꽤 많았는데 우선 오늘은 가장 큰 업적인 수학을 기호로 나타내는 법칙을 만든 것만 알아보자.

비에트는 식을 쓸 때 미지의 수에 대해 모음(a, e, i, o, u)을 쓰고 이미 알고 있는 상수는 자음으로 쓰는 규칙을 정했어. 우리가 오늘날 쓰는 모든 수학공식을 만들 수 있는 기초를 마련한 거지. 이렇게 비에트가 정리한 내용을 기반으로 해서 데카르트(René Descartes)가 17세기에 들어와 최종적으로 우리가 쓰는 식의 형태를 수립했어.

동현이 : "나는 생각한다 고로 존재한다"라고 한 그 데카르트요? 이분은 철학자 아닌가요?

불량 아빠 : 맞아. 그 데카르트야. 앞으로도 이런 사례가 종종 나올 텐데 과학은 당연하고 철학이나 정치학으로 이름을 알린 사람들이 수학에도 기여한 경우가 많아. 데카르트는 워낙에 많은 일을 해내서 앞으로 계속 나올 거지만 그중 알파벳을 이용해 수식을 작성하는 방법을 통일하고 체계를 잡은 것이 가장 큰 업적 중 하나야. 언어로 치면 문법을 완성해서 모든 사람

들이 통일되고 체계적인 방식으로 쉽게 소통을 할 수 있게 한 거니까 이 분야의 세종대왕이라고나 할까? 데카르트는 비에트의 체계를 조금 바꿔서 알파벳의 앞글자 a, b, c, d…를 주어진 정보로, 알파벳의 뒷글자 x, y, z를 찾고자 하는 정보로 구별했어. 여기에 관련해서 재미있는 일화도 있어.

　보통 우리가 미지의 무언가를 지칭할 때 x를 쓰지? 이건 데카르트 때문이야. 아니 정확히 하자면 데카르트의 책을 인쇄한 인쇄공 때문이야. 데카르트가 자신이 남긴 명저인 〈기하학 *La Géométrie*〉에서 x, y, z를 미지수로 사용하고 있었는데 인쇄를 하다보니 y, z의 인쇄활자는 다 써버리고 x가 많이 남은 거야.

　당시 출판작업은 활자를 일일이 손으로 만든 후 찍어내는 방식이었는데 x가 y나 z보다 덜 사용되어 남아 있었거든. 그래서 인쇄공이 x를 쓰면 안 되겠냐고 물었고, 데카르트가 흔쾌히 승낙해서 x가 미지수로 사용된 거야. 만약 그게 아니었다면 TV에 나오는 X맨은 Y맨 또는 Z맨, 병원에서 쓰는 엑스레이는 와이레이 또는 제트레이, 흑인 인권운동가인 말콤 X는 말콤 Y 내지는 말콤 Z, 이렇게 불렸을지도 모를 일이지.

n분의 1도 알고 보면 데카르트 덕분

동현이 : 그럼 우리가 같이 밥 먹고 사람수로 나눠서 돈 낼 때 말하는 'n분의 1'은 누가 발명한 거예요?

불량 아빠 : 좋은 질문이다. 나도 그게 궁금해서 찾아봤었지. 여기서 n은 자연수를 의미하거든. 사람수를 따지는 거니까 자연수여야 하겠지. 임의

의 자연수라고 보면 되는데 '임의의'라는 건 '아직 확정되지 않은, 아무거나'란 뜻이야.

상황에 따라서 3명이 밥을 먹었을 수도 있고 20명이 먹었을 수도 있으니 그 상황에 따라서 바뀌는 수를 의미해. 여지껏 설명했던, 기호를 이용한 수학이 우리의 현실에 이렇게 쓰이는 거지. 여하튼 이런 식으로 기호 n을 쓴 건 자일랜더(Wilhelm Xylander)라는 사람으로 1575년에 최초로 n을 임의의 수라고 지칭했어. 좀 더 유명한 사람 중에는 비에트가 1615년에 n을 처음 사용했고 데카르트도 그 후에 따라했지.[6]

당시 수학기호는 통일되지 않았고 한마디로 유행을 타던 거여서 유명한 사람이 쓰면 따라하곤 했기 때문에 결국 n을 쓴 사람 중 가장 유명한 사람이었던 데카르트가 'n분의 1'이란 말을 만든 데 가장 큰 공헌을 한 게 아닐까 싶어. 데카르트는 n을 임의의 수로써 사용했고 그 후에 n을 자연수를 지칭하는 알파벳 기호로 확정시킨 사람은 페아노 공리계로 유명한 19세기 이탈리아 수학자 페아노(Giuseppe Peano)였어. 이 사람도 'n분의 1'이라는 말이 한국인들 사이에서 쓰이는 데 기여한 거지.

그런데 사실 유럽 사람들이 처음 방정식과 다항식을 접하게 된 건 비에트가 등장한 16세기보다 훨씬 전인 13세기쯤이었어. 피보나치(Fibonacci)라는 사람이 당시 아랍지역이었던 북아프리카에서 아랍의 발달된 수학 지식을 접하고 그것들을 책으로 정리를 하게 되면서야. 1170년 이탈리아의 상업 도시였던 피사(Pisa)에서 태어난 그는 지금의 북아프리카 알제리 항구에서 세관 일을 보던 아버지를 따라 무역업에 종사하는 아랍 상인들

6   Florian Cajori, *A History of Mathematical Noations*, 379쪽.

피보나치(1170?~1250?)
13세기경, 아랍과 인도의 수학을 배워 유럽에 소개한 이탈리아 수학자. 피사의 레오나르도라고도 불린다. 청년 시절, 지중해 주변 도시, 콘스탄티노플, 알렉산드리아, 시칠리아 등을 여행하며 견문을 넓혔다.

을 만날 기회가 많았어. 어려서부터 상인이 되는 교육을 받았던 피보나치는 성장해서는 시칠리아, 이집트, 콘스탄티노플 같은 지중해의 상업 도시를 두루 여행하며 수학 지식을 쌓게 돼.

이 사람은 피보나치 수열로 더 유명한데 그것 말고도 너희들이 보고 있는 고등학교 수학의 다항식, 인수분해 관련된 내용의 많은 부분이 이 사람을 통해 유럽에 알려졌어. 피보나치는 1202년 그의 유명한 저서 『산술서*Liber Abacci, The Book of Arithmetics*』를 완성하는데 상업과 관련된 계산법들을 정리한 책이었어.

주로 방정식의 계산법칙들, 땅을 나누는 법, 자식들에 물려줄 유산을 나누는 방법 등 잡다한 내용이 들어 있어. 이 책 말고도 방정식의 계산방법을 다룬 여러 권의 책을 썼는데 원본은 대부분 없어졌어. 하지만 다른 사람들이 그 내용을 배우고서는 자기 책에 남겨놓아서 곱셈공식 같은 형태로 너희들 시험문제에까지 이르게 됐어. 그런데 책의 내용들은 피보나치가 직접 생각해낸 것이 아니고 대부분 아랍과 인도에서 이미 만들어진 걸 당시 문명이 뒤떨어져 있던 서양에 전달한 것이었어.

피보나치가 유명해진 일화가 있어. 당시 피사 지역을 지배하던 신성로마제국 황제 프리드리히 2세는 피보나치의 실력을 시험해보기 위해 수학 시합을 열어. 문제 중 하나는 3차 방정식 문제로 $x^3 + 2x^2 + 10x = 20$에서 x를 구하라는 거였어. 어떻게 풀었는지는 기록이 남아 있지 않아 알 길이 없지만 다행히 답을 구해서 피보나치는 실력을 인정받았다고 해.

그 후 피보나치는 많은 책들을 펴낼 수 있었는데 프리드리히 2세가 피보나치를 높이 평가해서 후원을 해줬기 때문이야. 피보나치는 자신이 쓴 『산술서』라는 책을 프리드리히 2세에게 헌정하는데 2차 방정식과 관련된 곱셈공식이 이 책에 나와 있어. 예를 들면 $(a+b)^2 = a^2 + 2ab + b^2$이나 $(a-b)^2 = a^2 - 2ab + b^2$ 같은 계산법칙이.

곱셈공식이 기록된 가장 오래된 책은 그리스인 유클리드가 기원전 3세기쯤 쓴 『기하학 원론Element』이야. 너희들이 중학교 때 보고 귀찮아하면서 외우던 이 곱셈공식 몇 개가 사실은 박물관에 있어야 할, 2천 년이 넘은 귀한 존재라는 거지. 보통 2천 년이 넘는 유물을 발견하면 박물관에 갖다 놓고 보물, 국보 이러면서 귀하게 치잖아? 그런데 이 곱셈공식도 2천 년이 넘은 정신적인 인류의 유물인데, 우리가 손에 안 잡힌다고 너무 하찮게 다루고 있어.

프리드리히 2세(1194~1250)

신성로마제국의 마지막 황제. 독일, 시칠리아, 예루살렘의 왕도 겸했다. 지중해에 둘러싸인 시칠리아 섬, 팔레르모에서 자란 탓에 기독교(로마 가톨릭, 그리스 정교회), 무슬림, 유대인 등 타문화와 종교에 포용적이었다. 고대 그리스의 식민지로 건설된 시칠리아는 수백 년간 중세 아랍의 지배를 받는 등 역사적 부침 속에서 타문화가 혼재된 공간이었다. 프리드리히 2세는 그리스어, 라틴어, 독일어, 노르만 프랑스어, 이탈리아어에 능통했으며 이슬람 과학을 배우기 위해 아랍어도 공부했다. 유럽뿐만 아니라 아랍의 과학자들과 교류하며 수학, 물리학, 천문학에 대해 토론하였다. 권위적인 전제군주, 전쟁광으로 세상의 지탄을 받았던 한편, 철학, 과학, 건축, 음악 등 다방면에 관심과 지원을 아끼지 않아 '왕좌에 앉은 최초의 근대인'이라고도 불린다.

수학 싫다는 학생들이 많은데 사실 수학이 좋은 점은 이런 거야. 인류의 귀중한 정신적인 유산을 박물관 입장료 낼 필요도 없이 마음껏 우리 머릿속에서 감상하고 시뮬레이션 해볼 수 있잖아. 자, 우식이 네가 2천 년 전 노예고 이 아빠는 주인님이라고 치고 직접 시뮬레이션을 해보자. 아래 정사각형 A, B, C, D를 합친 땅면적을 당장 구해놓지 못하면 오늘 저녁밥은 없는 줄 알아라!

우식이 : 노…… 농담이지?

불량 아빠 : 역시 날 닮아서 먹는 것에 민감하군. 저녁 안 굶길 테니 잘 봐봐. 그동안 $(a+b)^2=a^2+2ab+b^2$은 그냥 외우기만 했었지? 그런데 이 것이 원래 나올 때에는 아래의 그림처럼 A+(C+D)+B의 면적이 합쳐 진 것을 이해하기 위한 방법으로 발명된 거였어.

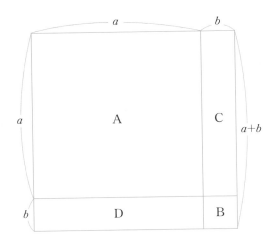

기록이 남아 있지 않더라도 대략 이런 곱셈공식이 왜 나왔는지 상상이 가지 않니? 왕이나 귀족이 노예들한테 A, B, C, D를 합친 면적을 오늘 저녁까지 구해봐라, 하고 시켜놓았는데, 어느 날 머리 좋은 노예가 고생 안 하고도 빨리 구할 수 있는 방법을 발견하고 기록해놓은 것이 여지껏 전해지는 건 아닐까?

소설가 지망생 우식! 이 이름도 남아 있지 않은 어느 노예가 땅 면적을 재면서 우연히 알게 된 것이 피보나치에 의해 유럽으로 건너가고 결과적으로 오늘날 수학책에까지 등장하게 된 대하소설을 한번 써보거라.

$(a-b)^2 = a^2 - 2ab + b^2$ 은 약간 더 복잡한데 다음 사각형 중 A의 면적만을 구하려는 과정에서 나온 공식이란다. 한번 풀어봐라. A를 구하려면 어떻게 해야 할까?

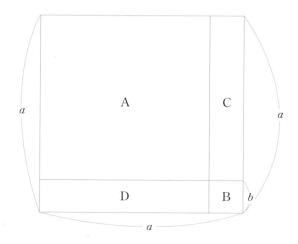

우식이 : 일단 정사각형의 변의 길이가 a이니까 a^2이 면적이고 거기서 $(a-b) \times (a-b)$를 구하면 되는 거네?

그럼 전체의 면적(a^2)에서 C와 B가 합쳐진 면적($a \times b$)을 빼고 그다음엔 D와 B가 합쳐진 면적($a \times b$)을 또 빼면 되겠네. 그렇지?

불량 아빠 : 아주 잘했어. 딱 하나만 빼고. 그런 식으로 하다보면 B를 두 번 빼게 되잖아. B 하나는 다시 돌려줘야지. 그래서 식의 마지막에 B(b^2)가 붙는 거야.

내일 또 보겠지만 곱셈공식은 모두 면적이나 부피를 구하는 것과 연관되어 있고 아무리 복잡한 것도 모두 그림으로 그려서 이해할 수 있어. 이집트에서 시작해 그리스 및 아랍인들이 땅이나 곡물, 물건을 사고팔 때 정확한 면적이나 부피를 구해서 값어치를 매기려고 한 노력의 결과물들이지. 말 대신 문자를 이용해서 눈앞의 현실을 기호로 단순하게 표현하는 것이 대수학의 기본이라고 했지? 이 곱셈공식이 바로 그거야. 앞의 그림과 같은 땅의 넓이를 공식으로 정리해주잖아.

그런데 재밌는 건 피보나치 이후 유럽의 수학은 거의 300년간 별다른 진전이 없다가 비에트가 등장하면서 도약하는 계기를 얻고 데카르트 시대에는 다른 지역들을 제치고 나아가기 시작한다는 거야. 이렇게 된 이유는 첫째, 그 300년 동안은 인쇄술이 따라가지 못해서 수도원 같은 곳의 극소수 사람들만 내용을 알았기 때문에 발전시킬 만한 사람 숫자가 우선적었고, 둘째, 조금 전에 말한 것처럼 수학공식을 문자를 이용해서 쓰지 않았기 때문에 야바위꾼에게 당하는 우식이처럼 문제를 단순화하지를 못했어. 이러한 문제가 비로소 해결되면서 서서히 유럽의 시대가 열리게 되었지.

동현이 : 그런데 이상하네요. 비에트와 데카르트가 문자를 써서 수학을

이집트 중부 옥시링쿠스에서 발견된 75~125년 당시의 파피루스 문서 조각
유클리드의 『기하학 원론』 2권에 기술된 $ab+b^2/4=(a+b)^2/4$ 내용을 정사각형과 선을 그려 증명한 내용이다.

표현하기 전에는 대수학이 없었다고 하셨는데, 방금 본 곱셈공식은 2천 년 전부터 있었다니, 앞뒤가 안 맞잖아요?

불량 아빠 : 동현이가 날카롭구나. 사실 유클리드가 기록할 당시에는 지금처럼 간편한 문자가 아니라 다 말로 풀어서 쓴 거였어. 위의 그림처럼.

그래서 우리가 봤던 간단한 곱셈공식도 아주 머리가 좋아야 이해할 수 있었지. 그러니까 우리가 A, B, C, D 면적을 구했던 그 방법은 2천 년 전부터 남아 있긴 했지만 아무나 이해할 수 있는 것이 아닌 천재 학자들만의 비법이었어.

그러던 것을 비에트와 데카르트가 기호를 쓰고 규칙을 세워서 누구나 쉽게 이해하도록 만든 거야. 이렇게 쉽게 많은 사람들이 지식을 습득하게 되니까 당연히 유럽에 똑똑한 사람이 많아지면서 발전이 시작된 거지. 정보와 지식은 나눠야 큰 힘이 되거든.

수학 I의 역사적 배경

불량 아빠 : 이쯤에서 수학 I과 관련된 역사를 짚어보고 가는 것도 괜찮겠구나. 소설가가 꿈이라는 우식이를 위해서 내가 수학 I의 스토리를 좀 풀어보마. 자, 이게 수학 I의 스토리다.

수학 I의 핵심은 다항식/방정식, 평면좌표, 그리고 도형의 대수적 표현인데 수학 I의 내용은 각 단원이 전개되는 것이 역사적인 순서와 크게 차이 나지 않아. 그 배경은 고대 그리스에서 아랍으로, 그리고 유럽으로 바뀌는데 유럽을 중심으로 한번 살펴보자.

유럽수학의 황금기는 1500년대부터 1900년대까지의 시기를 말하는데 고대 그리스 시대의 수학 이후 가장 발전의 폭이 컸던 시기였어. 그 이전 중세시대 유럽은 사실상 지금으로 치면 제3세계, 후진국이었어. 유럽은 당시 십자군 전쟁을 하면서 별 이득도 없이 국력을 소모했고 거기다가 흑사병까지 돌아서 인구도 그리 많지 않았어.

그리고 무엇보다 새로운 학문이나 과학이 발전하기 위해서는 사람들이 자유로운 생각을 할 수 있어야 했는데 교회가 모든 것을 간섭해서 누군가가 새로운 얘기를 하면 "넌 악마다"라고 낙인찍어서 조용히 시켰어. 더 기분 나쁘면 처형시키기도 하고. 나중에 미적분을 설명할 때 다시 보겠지만 미적분의 원리가 되는 무한이나 무한소의 개념이 갈릴레오 등에 의해서 이탈리아에서 이미 나왔었지만 교황을 중심으로 한 가톨릭 사제들의 반대로 말도 꺼내지 못할 정도였어. 당시엔 가톨릭 사제들이 모두 학자들이었는데 무한의 개념이 신의 섭리에 어긋난다고 보고 있었거든.

그래도 르네상스 시기(1300년대~1500년대)를 지나면서 유럽은 살아나기 시작하는데, 이것도 사실 유럽 자체적으로 성장했다기보다는 아랍인들의 영향을 받았던 게 컸어. 아랍인들은 그리스의 수학과 문명을 아랍어로 번역해서 지식을 흡수해왔는데 아랍인들(무어인)이 스페인을 지배하면서 유럽에 수학 지식도 전파했어. 스페인의 세비야, 코르도바, 그라나다 같은 도시들이 대수학이 유럽으로 전파된 최초의 지역이라 할 수 있지. 접골원 얘기 기억나지?

또 유대인 상인들도 수학 지식을 유럽에 전파시켜. 당시엔 서로 관계가 좋았는지 아랍인들은 스페인을 지배하면서 수학을 잘하고 머리가 좋은 유대인들을 관리자로 고용해서 나라를 관리했어. 나중에 아랍인들이 물러가고 유럽인들이 스페인을 되찾았을 때 유대인들까지 몰아내버려서 행정공백이 생겨 문제가 되었다고 해. 그래서 스페인과 포르투갈은 신대륙을 발견하고도 그다지 재미를(?) 못 봤어.

유럽의 수학발전에 기여한 또 다른 세력은 바로 동방정교회와 비잔티움제국이야. 지금은 망해버려서 사람들의 관심이 적지만 비잔티움제국은 유럽이 그리스 수학을 받아들이는 데 결정적인 역할을 해. 비잔티움제국은 로마제국이 서로마의 가톨릭과 동로마의 정교회로 분열될 때 지금의 터키 이스탄불인 콘스탄티노플 중심으로 자리 잡은 동로마제국이야. 비잔티움(동로마)제국은 동방정교회인 그리스정교를 국교로 삼았고 그리스어를 공식언어로 썼어. 당연히 그리스의 문화와 수학을 그대로 흡수

이스탄불 갈라타 탑에 설치된 천문대에서 연구 중인 이슬람 학자들

800~1200년대 이슬람 제국은 과학의 황금기를 맞았다. 828년, 바그다드에 천문대와 도서관을 갖춘 '지혜의 집'이 설립되었고, 이곳에서 아랍의 학자, 번역가들이 히포크라테스, 프톨레마이오스, 유클리드, 아리스토텔레스 등 그리스의 과학서적을 아랍어로 번역하는 일에 힘썼다. 12세기부터 유럽에 대학이 생기면서 아랍어로 된 고전 문헌이 라틴어로 재번역되었고, 이 번역 운동은 유럽 르네상스의 토대를 만들었다.

했고 보존했지.

특히 비잔티움제국이 1453년 수도 콘스탄티노플을 오스만제국(현재의 터키)에 의해 잃고 정복당하기 전까지 힘이 약해지면서 이탈리아 도시들에게 군사적인 도움을 청하거든. 조금 여유가 있던 비잔티움의 귀족들은 대부분 이탈리아로 이민 가고. 이렇게 이탈리아 도시들과의 교류가 많아지면서 이탈리아가 유럽에서는 최신 문물과 수학을 접하는 문화강국이 됐지. 그래서 우리가 배우는 수학 I의 초기에는 이탈리아 출신 인물들이 많이 나올 거야. 피보나치, 갈릴레오, 카르다노, 타르탈리아 등이 모두 이탈리아 사람이지.

이러한 시대를 지나고 르네상스를 넘어서 유럽의 수학이 황금기로 들어가게 된 이유를 수학 역사가들은 다음으로 설명하고 있어.

첫째는 유럽인들이 독자적인 사고를 하게 되면서 교회나 교황이 하는 말에도 의심을 품기 시작했어. 예를 들어 태양이 지구 주변을 돈다 이런 것들. 또 기독교가 신교(개신교)와 구교(가톨릭)로 나눠지고 싸우면서 교황청의 힘이 약해지고 새로운 과학에 대해 좀 더 관대했던 신교가 힘을 갖기 시작했어.

둘째는 우리가 지금도 쓰고 있는 인도와 아랍의 숫자체계가 들어와서 숫자를 효율적으로 표시할 수 있게 되었다는 점이야. 그 전의 로마숫자는 너무 복잡해서 큰 숫자를 다루기에 비효율적이었어.

마지막은 이미 말했듯이 비에트가 도입한 알파벳 기호를 써서 수학적인 생각을 보다 간결하고 정확하게 표현할 수 있었던 점이야. 알파벳 기호뿐 아니라 수학계산과 관련된 기호도 발전했는데 플러스(+)는 오렘

(Nicole Oresme), 마이너스(−)는 비드만(Johannes Widman), 등호(＝)는 레코드(Robert Recorde), 곱(×)은 오트레드(William Oughtred), 부등호(<, >)는 해리엇(Thomas Harriot), 무한대(∞)는 월리스(John Wallis)가 만들었어. 그리고 나중에 또 나올 오일러(Leonhard Euler)는 π, e, i, $\sum$, $f(x)$ 등의 기호를 만들었지.

이렇게 유럽의 수학은 외부와 내부의 요인으로 후진국 수준에서 벗어나 강력해졌는데 이중 가장 큰 요인은 역시 교황의 힘이 약해지면서 사람들의 자유로운 사고와 교류가 늘어난 점이야. 당시 유럽보다 뛰어났던 동아시아나 아랍, 인도 등은 교황은 아니지만 왕을 중심으로 한 왕권과 집단의 문화가 강해서 개인의 자유로운 사고에 제약이 있었기에 먼저 발흥하지만 오랫동안 정체되고 말았어.

Day 3

다항식과
방정식

딩동~

불량 아빠 : 정확히 시간 맞춰 왔군. 수학을 전공하는 우식이 사촌형, 동욱이가 앞으로 우리 공부를 도와줄 거야.

참고로 이 형이 외모만 보면 거의 교수님급이지만 사실 너희들하고 몇 살 차이 안 나니까 형이라고 생각하고 편하게 지내. 공부하다가 복잡한 수학 개념들은 사촌형이 아주 잘 설명해줄 거야. 어려운 거나 모르는 거 있으면 나 말고 이 형한테 물어봐.

그리고 주의할 점! 형 얘기를 듣다가 '도대체 이 무슨 횡설수설인가'라는 생각이 들더라도 그러려니 하고 들어둬. 사실 횡설수설이 아니고 수준 높은 이야기인데, 이 형이 자기가 아는 걸 한꺼번에 다 쏟아내려는 성격이어서 그래. 하지만 장담하는데 너희들이 나중에 고등학교 수학과정을 전반적으로 이해한 후에 이 형이 했던 말을 되새겨보면 형을 다시 보게 될 거야.

앞으로 아빠가 들려주는 건 이제 막 고등학교에 들어갈 너희들이 꼭 알아야만 하는 것들이야. 한편, 사촌형이 설명하는 건 고등학교 수학을 완벽하게 이해하려면 언젠가는 알아야 할 것들이지만 처음 접하는 상황에서 당장 이해가 되는 내용은 아니니까 판단은 그때그때 알아서 하도록.

모태솔로 사촌형 : 애들아, 반갑다. 짧은 일정이니만큼 격렬하게 한번 공부해보자.

둘 다 : ??

곱셈공식과 인수분해

불량 아빠 : 어제 수학에서 문자와 기호가 왜 중요해졌는지 알아봤으니 오늘은 본격적으로 문자와 기호를 다루는 인수분해와 곱셈공식에 대해 알아보자.

우식이 : 인수분해나 곱셈공식 관련된 문제는 답을 보면 이해가 가는데 막상 문제를 풀어보려고 하면 어디서 어떻게 시작할지를 모르겠어. 또 컨

디션 좋은 날에는 잘 풀리고 아닌 날에는 엄청 헤매고. 그리고 인수분해와 곱셈공식이 같은 거 아닌가? 왜 두 개가 같이 나오는 거지?

불량 아빠 : 두 가지 질문을 한꺼번에 하는구나. 우선 인수분해와 곱셈공식의 관계에 대해서 설명해줄게.

고등학교 수학에 들어가면서 가장 먼저 느끼게 되는 것이 중학교 때만 해도 숫자(정수)를 주로 다루는 '수의 세계'에서 살고 있었는데 고등학교에서는 숫자 자체보다는 문자로 이뤄진 식을 주로 다루는 '식의 세계'로 들어오게 된다는 점이야. 식의 세계에서는 소인수 분해는 인수분해가 되고, 구구단은 곱셈공식이 되어버려.

다항식/방정식 문제들에 관해서 내가 할 수 있는 말은 사실 "피할 수 없으면 즐겨라"밖에 없어. 초반부터 실망시켜서 미안한데 고등학교 수학의 다른 것들은 내가 다 그럴듯한 해결책을 줄 수 있는데 이건 정말 방법이 없어. 열심히 해서 감을 익히는 것밖에.

이미 중학교 때부터 복잡한 방정식 문제들을 푸느라고 고생 많이 했을 거야. 그런데 고등학교에서도 당분간 계속 이런 지저분한 문제들을 접해야 해. 한국과 일본의 수학 교과과정이 특히 그렇다고 하는데, 가끔 보면 나도 이게 수학실력을 보려는 건지 아니면 인내력을 테스트하는 건지 분간이 안 갈 정도로 짜증 나는 문제들도 있긴 있어.

하지만 이게 고등학교 수학의 기초체력을 다져주는 것임을 알아야 해. 달리기 등의 기초체력훈련은 원래 지루하고 힘들지만 그 힘든 걸 버텨내면 보답이 있어. 수학에서도 마찬가지야. 여기서부터 우등생과 낙제생의 차이가 벌어지기 시작하는 거야. 처음엔 도무지 답이 안 나오고 어떻게 해도 안 될 것 같다는 생각이 드는데, 이건 누구나 겪는 거야. 그 단계를 버텨나가면 모든 것이 술술 풀려나가는 때가 올 거야. 그때까진 열심히 이 문제 저 문제 닥치는 대로 풀어보고 끊임없이 시도해보는 것밖에 다른 방법이 없어. 뉴턴도 그랬고 데카르트도 서재에 며칠씩 틀어박혀서 방정식 문제를 풀곤 했대.

특히 만유인력을 발견하고 미적분을 발명한 뉴턴이 다항식/방정식을 잘 다루기로 유명했다고 해. 뉴턴은 이런 기본기를 바탕으로 72종류의 3차 곡선을 발견하고 기록해두기도 했지.[7] 당시 다른 수학자들이 뉴턴은 한 가지 문제를 보면 답이 보일 때까지 놓지 않고 끊임없이 사고한다고 칭찬하면서 한편으로 부러워했대. 복잡한 다항식/방정식을 끝까지 물고 늘어져서 풀어내는 끈기와 능력을 가졌다 이거지. 수학이 원래 그렇지만 다항식/방정식 다루기도 처음이 어렵고 시간이 지나면서 점점 쉬워져.

앞으로 '대수학', '대수적인 조작'이라는 말이 빈번히 나올 거야. 말만 거창하지 의미는 그냥 방정식이나 부등식을 약분도 해보고, 이리저리 옮기고 해서 원하는 형태를 만들어내는 방법이야. 재차 말하지만 오늘 배운 것과 수학 I의 내용이 앞으로 고등학교 수학을 공부하는 데 핵심적인 역할을 할 거야.

우선 용어정리부터 하고 들어가자. 이미 배운 것이겠지만 복습차원에서. 대수학에 나오는 식들은 5가지인데 등식, 부등식, 방정식, 항등식, 다항식이야. **등식**은 '=' 기호로 연결된 식을 말해. 조금 전에 본 $(a+b)^2=a^2$

---

7   Carl B. Boyer, *History of Analytic Geometry*, 139쪽.

$+2ab+b^2$도 등식이지. 여기서 '='기호를 $<$나$>$

또는 $\leq$, $\geq$로 바꿔주면 **부등식**이 되고.

등식 $=$
부등식 $>$, $<$, $\geq$, $\leq$
방정식 $=$
항등식 $\equiv$

등식에다가 미지의 숫자(주로 x)를 넣어서 특별

한 값을 넣었을 때만 등식이 성립하는 경우 이걸

방정식이라고 해. 예를 들어 $23x+7=30$이라고 하면 $x=1$인 경우에만 맞

아떨어지니 방정식인 거지.

항등식은 x가 어떤 수가 되어도 성립하는 경우야. $5x+4=5(x+1)-1$

이라고 하면 x값에 관계없이 식이 성립하므로 항등식이야. 가끔 항상 성

립한다는 것을 강조하기 위해 이렇게 세 줄짜리 등호를 사용하기도 해,

$5x+4\equiv5(x+1)-1$.

$x^2+4x+43$처럼 여러 개의 항으로만 이뤄진 식을 모두 **다항식**이라고

해. 위의 $5x+4$에서 $5x$, 4를 이 식의 항이라고 부르고. 그런데 이 다항식

은 애가 좀 게을러. 왜냐면 다른 식들은 모두 $=$, $\equiv$, $>$, $\leq$ 같은 기호를

써서 친절하게 크기를 비교해줬는데, 얘는 그냥 여러 개의 항들을 덩그러

니 내팽개쳐둔 형태야.

이미 봤듯이 다항식의 곱셈법칙 등 여러 법칙들이 생겨난 그 시초는 돈

과 관련이 있어. 옛 이집트와 바빌로니아에서부터 사람들이 세금을 매기

고 면적이나 부피를 재는 방법을 구하면서 경험적으로 알게 된 지식들이

쌓인 것인데 그 후 많은 사람들이 다른 쪽에 응용해보기도 하고 더 복잡

하게 바꿔보기도 하면서 수학을 발전시켰어. 그리고 사람들이 수학을 발

전시켜 나가게 된 가장 강력한 동기는 인간의 본능에서 찾을 수 있어.

그것은 바로 귀찮은 것을 싫어하는 인간의 본능! 머리가 나쁘면 팔, 다리

가 고생한다는 말 들어봤지? 어제 본 $(a+b)^2=a^2+2ab+b^2$과 같이 간단한 곱셈공식을 개발하지 않았다면 일일이 뛰어다니면서 면적을 쟀어야만 했던 문제야. 머리를 써서 팔, 다리가 덜 고생했던 아주 바람직한 사례지.

비슷한 사례로 계산기가 없던 시절 사람들이 생각해낸, 빠르게 큰 수를 곱하던 방식을 한번 보자. 예를 들어 95^2을 구해야 한다고 치자고. 이럴 땐 가장 가까운 10으로 끊어지는 숫자를 구해. 90이지. 이제 95를 x로 놓고 a를 5라고 한 후 $(x-a)$와 $(x+a)$를 구해봐. 그럼 90×100는 9000이 나올 거야. 여기에 a^2인 25를 더한 9025가 답이야.

식으로 보면 우리가 아는 또 다른 곱셈공식인 $(x-a)(x+a)=x^2-a^2$인 점을 이용해서 $x^2=(x-a)(x+a)+a^2$을 표현한 것인데 미리 알고 있으면 유용하게 쓸 수 있겠지.

물론 제곱의 계산 자체가 원래 복잡해서 암산으로 하기에 얼마나 도움이 될지는 모르겠지만 계산절차가 줄어든 것은 사실이야. 이런 식으로 옛날 사람들은 조금이라도 더 귀찮은 것들을 피하려고 노력을 해왔어.

다음 문제도 마찬가지야. 이걸 쉽게 풀려면 앞의 곱셈공식이 필요할 거야. 한번 해봐.

$$\sqrt{\frac{99^2+101^2}{2}-1}$$

답은 100인데, 그냥 풀어도 나오긴 하지만 곱셈공식을 알고 있으면 보다 덜 고생한다는 걸 알 수 있을 거야.

어때? 원래 숫자였던 것이 문자가 들어가면서 조금 복잡해졌을 뿐이지? 숫자를 다룰 때와 기본적인 원리는 같으니 전혀 새로운 내용은 아니야. 숫자에 대해서 적용되는 덧셈, 뺄셈, 곱셈이 식에도 똑같이 적용돼.

중학교 때 배운 약수와 배수 기억하고 있지? $21 = 3 \times 7$ 이런 거. 여기서 21이 3과 7의 배수가 되고 3과 7은 21의 약수잖아?

다항식도 똑같아. $x^2 - 8x + 15 = (x-3)(x-5)$라고 하면 $1, (x-3)$, $(x-5)$가 $x^2 - 8x + 15$라는 다항식의 약수이고, $x^2 - 8x + 15$는 $1, (x-3)$, $(x-5)$의 배수가 되는 거지.

자, 정리해보자. 곱셈공식과 인수분해는 서로 뒤집어놓은 것이라고 보면 돼. 중학교 때 배운 소인수분해가 구구단을 뒤집어놓은 것처럼. 결국 나눗셈이나 곱셈이나 동전의 양면처럼 뒤집기만 하면 되는 거야. 곱셈공식과 인수분해는 숫자가 아닌 식에 적용될 뿐인 거고.

다항식을 두 개 이상의 다항식으로 나누는 것이 바로 인수분해인데 이미 말했듯이 구구단과도 같은 곱셈공식을 뒤집어놓는 것이야. 인수분해가 중요한 이유는 이것을 통해 방정식의 해를 구할 수 있기 때문이지. 예를 들어 중학교 때 $x^2 - 8x + 15 = (x-3)(x-5)$로 인수분해한 것을 통해 $x = 3, x = 5$라는 답을 구하는 것을 배웠잖아. 고등학교 때는 이것보다 약간 더 복잡한 것들을 다루지만 원리는 같아.

나머지 정리

동현이 : 그런데 인수분해로 나눠지지 않는 다항식도 있잖아요.

불량 아빠 : 좋은 질문이야. 그럴 땐 다항식 나눗셈을 해야 하는데, 숫자

를 나눌 때처럼 똑같이 하면 돼. 다만 숫자를 나눌 때는 나눠지지 않은 경우, 예를 들어 3 나누기 2는 1.5나 1과 1/2 같은 식으로 표현했지만 다항식은 정수처럼 다뤄야 하기 때문에 나눠떨어지지 않을 경우 나머지를 따로 구분해야 해. 중학교 때 배운 유클리드 호제법과 같은 방식이야. 하나만 예를 들어서 보자.

$$x^2-x+1 \quad \overline{)x^3+1}$$

위와 같은 다항식들을 나눈다고 생각해봐. 주목할 점은 나누려고 하는 다항식인 x^3+1이 항수가 2개뿐이어서 나누는 다항식인 x^2-x+1보다 작은 것처럼 보이지만 실제는 차수가 3이기 때문에 더 크다는 점이야.

이제 그냥 숫자라고 생각하고 막 나눠버리면 돼. 이렇게.

$$
\begin{array}{r}
x+1 \\
x^2-x+1 \overline{)x^3+\qquad 1} \\
\underline{x^3-x^2+x} \\
x^2-x+1 \\
\underline{x^2-x+1} \\
0
\end{array}
$$

쉽지? 어제 얘기했던 데카르트도 다항식에 관심이 많았는데 다항식을 나눠보면서 특히 1차식으로 다른 다항식을 나눌 때 유용한 정리를 발견한 것이 바로 그 유명한 나머지 정리야. 내용은 어떤 다항식 $p(x)$를 $ax+b$로 나눈 나머지는 $p\left(-\dfrac{b}{a}\right)$가 된다는 것이고.

우식이 : 거기 그 $p(x)$는 뭐야?

불량 아빠 : 원래 함수에서 $f(x)$라고 쓰는 것과 마찬가지로, $p(x)$는 x를 포함하고 있는 다항식을 줄여서 표현하는 방식이라고 보면 돼.

우식이 : $p\left(-\dfrac{b}{a}\right)$는 x자리에 $-\dfrac{b}{a}$가 들어가 있는 경우를 표시한 것이겠군.

불량 아빠 : 그렇지! 예를 들면 $p(x)=4x^3+7x^2-x+12$를 $x-1$로 나눈다면 $a=1$, $b=-1$이 되니까, $p\left(-\dfrac{b}{a}\right)=p(1)$이 돼. 여기서 $p(1)$이란 것은 x자리에 1을 대입하라는 것이니 $p(1)=4+7-1+12=22$, 결국 나머지는 22가 나와. 간편하지? 여기에 대한 증명은 조금 있다가 사촌형이 해줄 거야.(89쪽)

나머지 정리는 여러모로 유용하긴 하지만 몫을 구하지는 못하고 1차식으로 나눌 때만 사용돼. 몫을 구하려 할 경우에는 처음에 했던 것처럼 직접 나눠야 해.

곱셈공식과 이항정리

불량 아빠 : 곱셈공식과 인수분해가 어떤 역할을 하는지, 왜 고등학교 수학에 갑자기 튀어 나왔는지 등 배경지식을 어제와 오늘 대략 알아봤으니 이제 수학 개념들을 정리해주자. 고등학교 수학에서 잘 나오는 곱셈공식 몇 개만 중점적으로 보고 가자.

고등학교에 가서는 중학교 때 배운 곱셈공식에 다음과 같은 몇 가지가 더해지는데 중학교 때 알던 것들이 모두 제곱 또는 그 미만의 형태였던 것에 반해 이제는 세제곱의 형태를 가진 곱셈공식들도 나오고 훨씬 복잡해져서 살짝 당황스러워지지.

$$(a+b)^3 = a^3 + 3a^2b + 3ab^2 + b^3$$

$$(a+b+c)^2 = a^2 + b^2 + c^2 + 2ab + 2bc + 2ca$$

$$(a+b+c)(a^2+b^2+c^2-ab-bc-ca) = a^3 + b^3 + c^3 - 3abc$$

모두 직접 손으로 곱해봐서 답이 나오는 것을 확인해봐야 해. 이런 것들은 사실 문제풀이를 많이 하다보면 저절로 익숙해지는 건데, 예를 하나만 들어보자.

1단계: $(a+b)^3 = (a+b)(a+b)^2 = (a+b)(a^2+2ab+b^2)$으로 줄일 수 있고, 이걸 가만히 들여다보면 아래와 같이 만들 수도 있어.

2단계: $a(a^2+2ab+b^2) + b(a^2+2ab+b^2)$
$$= (a^3+2a^2b+ab^2) + (a^2b+2ab^2+b^3)$$

3단계: 이걸 다시 잘 모아보면
$$a^3 + (2+1)a^2b + (1+2)ab^2 + b^3$$
$$= a^3 + 3a^2b + 3ab^2 + b^3$$

이런 식으로 곱셈공식을 도출해 나갈 수 있어.

그런데 위의 3가지 곱셈공식이 모두 중요하지만 특히 중요한 것이 처음 나온 $(a+b)^3$이야. 얘는 조금 특별한 아이거든. 우리가 도출했던 마지막 식의 각 항의 계수를 한번 보자.

동현이 : 조금 전에 차수, 항수는 배웠는데, 계수는 뭔가요?

불량 아빠 : 계수는 각 항 예를 들면 4개의 항으로 이뤄진 a^3+3a^2b+ $3ab^2+b^3$의 문자 앞에 붙은 수들을 말해. 그러니 이 경우에는 계수들이 1, 3, 3, 1이 되겠지. $a+b$의 계수들은 1, 1이고.

우리가 $(a+b)^3$ 식을 도출하는 과정 2단계에서의 계수들만의 변화를 보면 아래와 같아.

$$
\begin{array}{cccc}
 & 1 & 2 & 1 \\
+ & & 1 & 2 & 1 \\
\hline
1 & 3 & 3 & 1
\end{array}
\qquad
\begin{array}{l}
(a^3+2a^2b+ab^2) \\
(a^2b+2ab^2+b^3) \\
\hline
a^3+3a^2b+3ab^2+b^3
\end{array}
$$

만약에 $(a+b)^4$의 식을 도출하는 과정이었다면 계수들의 변화는 아래와 같아. 이런 식으로 계수들이 늘어난 것이 파스칼의 삼각형인데, 조금 있다 다시 설명할 거야.

$$
\begin{array}{ccccc}
 & 1 & 3 & 3 & 1 \\
+ & & 1 & 3 & 3 & 1 \\
\hline
1 & 4 & 6 & 4 & 1
\end{array}
\qquad a^4+4a^3b+6a^2b^2+4ab^3+b^4
$$

이런 식으로 $(a+b)^n$이라는 식은 특별한 규칙을 가져. 신기하지? 그래서 뉴턴, 파스칼 등 기라성 같은 수학자들이 여기에 관심을 가졌어. 특히 1단계에서 2단계로 가는 과정은 모든 상황에 적용되는데, 식으로 쓰면 다음과 같아.

$$(a+b)^n=(a+b)(a+b)^{n-1}=a(a+b)^{n-1}+b(a+b)^{n-1}$$

이 식만 있으면 n이 아무리 커지더라도 문제를 모두 해결할 수 있어. 이해 가지?

우식이 : 아니, 전혀.

불량 아빠 : 내 그럴 줄 알았다. 잘 들어봐.

아까 $(a+b)^3$을 전개할 때, 2단계에서 $a(a^2+2ab+b^2)+b(a^2+2ab+b^2)$이 나온 건 $(a+b)^3=a(a+b)^2+b(a+b)^2$과 같잖아.

우식이 : 그건 알겠는데, 만약에 n이 4이거나 아니면 12이면 어떻게 할 건데?

불량 아빠 : n이 아무리 큰 수라고 해도 하나하나 차근히 내려가면 1에서부터 시작할 수밖에 없다는 점을 이용하는 거지. $n=4$인 경우라면 다음과 같이 되겠지.

$$(a+b)^4=a(a+b)^3+b(a+b)^3$$

그런데 $(a+b)^3$은 우리가 이미 알고 있잖아. 알고 있는 것을 꿰어 맞춰 넣으면 돼.

$$=a+a\{a(a+b)^2+b(a+b)^2\}+b\{a(a+b)^2+b(a+b)^2\}$$
$$=a+a\{a(a^2+2ab+b^2\}+b\{(a^2+2ab+b^2)\}$$
$$+b\{a(a^2+2ab+b^2)+b(a^2+2ab+b^2)\}$$

이런 식으로 아무리 n이 크더라도 하나씩 줄여나가면서 1까지 내려가면 풀어낼 수 있지. 시간은 좀 걸리겠지만. 바로 위의 식에서 계수들을 보면 아까 봤던 1, 4, 6, 4, 1이 나오는 걸 확인할 수 있어.

이것을 바로 이항정리라고 하는데, 이 이항정리가 미분과도 연관이 있고 확률에도 나오는 등 고등학교 수학에 엄청 자주 나와. 그래서 잠시 후 심화수업에서 사촌형이 다시 한 번 다룰 거야.

이제 조금 복잡한 곱셈공식으로 현실적인 문제를 해결해보자. 직육면체 내부의 대각선 길이를 구해보는 거야. 가로가 x, 세로가 y, 높이가 z인 직육면체가 있을 때 모서리의 길이들을 모두 합친 값은 16, 겉표면의 넓이는 8인 경우 대각선의 길이는?

힌트: $a^2 + b^2 + c^2 = (a+b+c)^2 - 2(ab+bc+ca)$

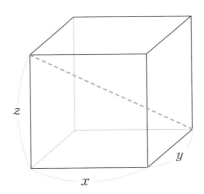

동현이 : 어렵네요. 우선은 주어진 정보를 식으로 써보면 모서리 길이는 $4x + 4y + 4z = 16$이 되겠고, 겉표면 넓이는 $2xy + 2yz + 2zx = 8$이 되는 것까지는 알겠어요. 그다음이 문젠데…… 저 대각선이 그냥 직육면체가 아니고 사각형 내의 대각선이면 피타고라스 정리를 쓰면 될 것 같은데…… 어렵네요…….

불량 아빠 : 거기까지만 척척 나와도 대단한 거야. 절반은 푼 거네. 다음 단계는 약간의 창의력이 필요한데, 우리 사촌형이 좀 실력발휘를 해줘야겠다.

모태솔로 사촌형 : 대각선이 나오면 우선 우리가 잘 아는 피타고라스 정리가 생각나야 해. 피타고라스 정리는 보통 2차원에서만 사용되지만 그건 중학생들이나 하는 거고 이제 고등학생이니 이걸 3차원에도 응용해볼 수 있어. 그렇게 하면 우리가 원하는 거리는 $\sqrt{x^2+y^2+z^2}$ 이 된다는 걸 알 수 있지.

이때 적용되는 곱셈공식은 $a^2+b^2+c^2=(a+b+c)^2-2(ab+bc+ca)$야. 문제들을 많이 풀어봐서 감이 와야 하는데 $\sqrt{x^2+y^2+z^2}$에서 힌트를 얻는 거지. 곱셈공식을 대입하면 다음과 같이 나타나잖아.

$$x^2+y^2+z^2=(x+y+z)^2-2(xy+yz+zx)$$

대각선 거리를 구하는 공식의 $\sqrt{(\ \ )}$ 안에 들어갈 $x^2+y^2+z^2$만 구하면 되는데 곱셈공식을 보니 이미 나와 있네. 주어진 정보에는 $x+y+z$는 4이고 $2(xy+yz+zx)$는 8이란 걸 알 수 있잖아. 결국 $x^2+y^2+z^2$는 곱셈공식에 의해서 4^2-8이 나오고 그러므로 대각선의 길이는 $\sqrt{8}(=2\sqrt{2})$이라는 걸 알 수 있어.

우식이 : 피타고라스 정리를 저런 식으로 응용하는 건 아직 배우지도 않았잖아? 반칙이야! 그리고 이게 무슨 현실적인 문제야?

모태솔로 사촌형 : 그래, 인정한다. 고등학교 수준의 문제해결능력을 요구하는 문제였어. 사실 너희들이 문제를 풀어내길 기대했다기보다는 이제 고등학교에서, 그리고 대학에 가면 더더욱 이런 식으로 우리가 이미 알고 있던 것(피타고라스 정리)을 창조적으로 응용해서 눈앞의 문제를 해결해나가야 한다는 걸 보여주려고 한 거야. 2차원 공간에서 피타고라스 정리는 알고 있었잖아. 다만 3차원에 적용해볼 생각을 안 해봤을 뿐이지.

그리고 이게 왜 현실 문제냐고? 왜냐면 실제로 이와 비슷한 문제가 어느 투자은행의 입사 면접시험에 나왔기 때문이지. 이것보다 더 현실적인 문제가 도대체 뭐가 있단 말이냐?

원래 입사시험 면접관이 낸 문제는 "당신이 한 마리의 파리라고 가정하고 방 안 한쪽 모서리에 앉아 있을 때 반대편 모서리로 날아갈 수 있는 가장 짧은 거리를 구해보시오"였다고 해.

일부 기업들은 이런 문제를 물어봐서 지원자가 일정 수준의 수학을 이해하고 또 적용하는 사고능력이 있는지를 시험하곤 해. 특히 여기서는 구체적인 수치를 주는 것이 아니고 방이 입방형 모양이라는 것만을 알려줘서 지원자가 기호를 사용하는 추상적인 사고능력이 있는지를 알아본다고 해. 이게 다 내가 어제 얘기했던 비에트와 데카르트 덕분이라고 할 수 있지.

다항식/방정식이
고등학교 수학에 나온 사례

1. 헤론의 공식 헤쳐보기

모태솔로 사촌형 : 이제 정말 재밌는 것들을 공부할 시간이 왔구나. 최대한 성의껏 설명하겠지만 한번에 이해되는 것이 아니니 연습장에 잘 적으면서 따라와야 해. 그리고 집중하고.

우선 맛보기로 삼각형 면적을 구하는 헤론의 공식을 한번 볼까?[8] 너희들이 미리 헤론의 공식을 접해봤다면 아마 다른 방법으로 설명한 것을 봤을 텐데 이렇게 대수적인 조작을 해서도 헤론 공식을 도출할 수 있어. 자, 여기 다음 모양과 같이 a, b, c의 변을 가진 삼각형이 있어. 이 삼각형의 넓이를 구하려고 해. 헤론의 공식은 삼각형의 세 변의 길이를 통해 넓

---

8   Paul Lockhart, *Measurement*, 111쪽 내용을 재구성.

이를 구하는 공식인데, 이 공식을 삼각비를 사용하지 않고 대수학만으로 도출할 수 있어. 한번 실제로 도출을 해보자.

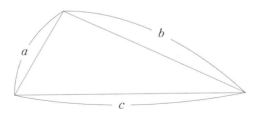

우선 이 삼각형의 둘레가 $a+b+c$라는 것은 알고 있지? 이제 좀 더 정보를 캐보자. 일단 삼각형의 높이를 나타내게 선을 하나 내리고 변 c를 나눠보자. 이렇게.

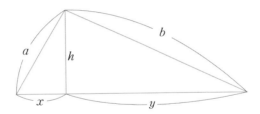

보통 삼각형을 보면 거의 반사적으로 방금 한 것처럼 h선을 내려서 나눠줘야 해. 이건 우리가 모든 삼각형을 대할 때 보여야 하는 '기본 매너'야. 자, 면적을 구하는 식은 원래 **면적**$=\frac{1}{2}c\times h$이지. 그리고 우리가 잘 아는 피타고라스 정리를 이용해서 다음과 같이 세 개의 식을 만들어낼 수 있어.

① $x+y=c$
② $x^2+h^2=a^2$
③ $y^2+h^2=b^2$

이제 슬슬 재밌어지는데? 난 이런 문제들을 보면 흥분되던데, 너희들도 그렇지?

동현이 : '이 형, 변태인가?'

모태솔로 사촌형 : 며칠 전에 대수학이 Algebra 라고 불리고 이것이 스페인에서는 접골원이라고도 불린다는 말 들었지? 이제 이 알파벳 글자들을 사람뼈 맞추듯이 이리저리 돌리고 꿰맞춰볼 거야. 일단 x와 y를 구해보자. 다항식과 방정식 공부를 좀 했으면 식을 아래와 같이 만들어낼 수 있을 거야.

힌트는
$$x^2 - y^2 = a^2 - b^2$$
$$x + y = c$$
$$x^2 + h^2 = a^2$$
$$y^2 + h^2 = b^2$$

$$x^2 - y^2 = a^2 - b^2$$
$$x^2 = y^2 + a^2 - b^2$$
$$(c-y)^2 = y^2 + a^2 - b^2$$
$$c^2 - 2cy + y^2 = y^2 + a^2 - b^2$$
$$c^2 - 2cy = a^2 - b^2$$
$$y = \frac{a^2 - b^2}{-2c} + \frac{c^2}{2c}$$
$$y = \frac{c}{2} - \frac{a^2 - b^2}{2c}$$

④ $\quad x = \dfrac{c}{2} + \dfrac{a^2 - b^2}{2c}$

⑤ $\quad y = \dfrac{c}{2} - \dfrac{a^2 - b^2}{2c}$

h선이 밑변과 만나는 점이 밑변의 중간과 어느 정도 떨어져 있는지를 나타내는 게 $\dfrac{a^2 - b^2}{2c}$이야. x, y를 구했으니 이제 h를 구해보는데 일단 ② 번 식을 보니 이거네.

⑥ $\quad h^2 = a^2 - x^2 = a^2 - \left(\dfrac{c^2 + a^2 - b^2}{2c} \right)^2$

위의 식을 **면적**$= \dfrac{1}{2} c \times h$에 적용하면

⑦ $\quad A^2 = \dfrac{1}{4} c^2 h^2 = \dfrac{1}{4} c^2 a^2 - \dfrac{1}{4} c^2 \left(\dfrac{c^2 + a^2 - b^2}{2c} \right)^2$ 이 나오지.

이게 바로 변의 길이만으로 잴 수 있는 삼각형의 면적이야.

그런데 식이 너무 지저분해 보인다. 대수학 전문가인 우리가 식을 이렇게 방치해둘 순 없지. 우선 양쪽을 정리하면,

⑧ $A^2 = \left(\dfrac{ac}{2}\right)^2 - \left(\dfrac{c^2 + a^2 - b^2}{4}\right)^2$

16을 양쪽에 곱해서 분수를 없애자.

⑨ $16A^2 = (2ac)^2 - (c^2 + a^2 - b^2)^2$

이제 곱셈공식을 이용할 때가 왔다.

⑩ $16A^2 = (2ac + (c^2 + a^2 - b^2))(2ac - (c^2 + a^2 - b^2))$

⑪ $\quad\quad = ((a^2 + 2ac + c^2) - b^2)(b^2 - (a^2 - 2ac + c^2))$

⑫ $\quad\quad = ((a + c)^2 - b^2)(b^2 - (a - c))^2$

⑬ $\quad\quad = (a + c + b)(a + c - b)(b + a - c)(b - a + c)$

이제 거의 다 왔어. 16A로 양변을 나눠줘서 A로 만들자.

⑭ $A = \sqrt{\dfrac{a + c + b}{2} \cdot \dfrac{a + c - b}{2} \cdot \dfrac{b + a - c}{2} \cdot \dfrac{b - a + c}{2}}$

아, 헤론의 공식이 이게 아니라고? 급하긴. $s = \dfrac{1}{2}(a + b + c)$라고 하면

⑮ $A = \sqrt{s(s - a)(s - b)(s - c)}$ 바로 헤론의 공식이다. 삼각함수에 나오는 내용이지만 어때? 다항식에 대한 지식과 피타고라스 정리만 알아도 도출할 수 있지?

좀 길었지만 할 만하지? 수학의 가장 큰 장점이 바로 복잡한 현상을 단순화하고 명확하게 하는 능력이라고 말했는데 그 능력을 가지려면 다항식/방정식을 자유자재로 쓸 줄 알아야만 해. 그런 점에서 지금 배우는 부분이 평생 살아가는 데 재산이 될 수도 있어. 하지만 다항식/방정식을 잘 다루려면 꾸준한 연습이 필요해. 익숙해져야 하거든. 외운다기보다는 악기를 다루듯, 언어를 배우듯이 다항식을 다루는 법칙들을 익히고 문제를 통해서 마스터해야 해.

곱셈공식과 여러 법칙들은 일부러 외우려 하지 말고 문제를 통해서 자연스러워지도록 해야 해. 컴퓨터 게임 할 때 조종키를 일부러 외우지 않듯이, 문제를 보고 고민하다보면 어느새 머리에 들어올 거야. 아, 물론 시험 전날까지 공부 안 한 상태면 머리 싸매고 외워야겠지만, 일단 그런 상황을 만들지 마.

불량 아빠 : 여기서 나도 잠깐 한마디. 내가 항상 수학을 외워서 하는 건 바보 같은 짓이라고 했지? 그런데 외워야 할 것이 있기는 해. 사실 꽤 많아. 내가 그럼 거짓말을 한 건가? 물론 그건 아니지.

핵심은 관점을 어디에 두느냐야. 수학은 사실 일종의 언어거든. 영어도 외울 것이 많지만 암기과목이라고 하지는 않잖아. 왜냐면 영어라는 그 언어만의 법칙과 단어를 외워서 기초를 세우고 거기에서 출발해서 창의적인 내용을 만들어가기 때문이지. 단어나 문법을 외우는 것이 목적이 아니고 언어를 자유자재로 능숙하게 사용하는 것이 목적이야. 수학도 마찬가지지. 법칙과 기호를 외워서 기초를 세우고 거기서 출발해서 창의적으로 문제를 해결하고자 하는 것이 수학이야. 결국 내용이 뭔지 이해를 하고 외워야 한단 얘기지.

바보 같은 건 이해가 안 가니 그냥 외우겠다는 생각이야. 나도 처음 고등학교 시절에 수학을 접했을 때 분량도 많고 이해도 안 돼서 제대로 할수 있을지 용기가 나지 않았어. 그래서 그냥 다 외워버리는 게 더 빠르겠구나 하는 생각이 들었지. 천재가 아니라면 그게 정상적인 반응이지.

그런데 이게 함정이야. 사람이 모르는 길을 처음 찾아갈 때 느끼는 시간과 그 길을 오랫동안 다녀 익숙할 때 느끼는 시간이 달라. 마찬가지로 수학도 내가 이걸 다 할 수 있을까 싶어 보여도 계획을 짜서 진행하고 또 직접 생각해서 답을 찾다보면 어느 순간 내용들이 연결되고 안 보이던 것들이 보여. 물론 처음 제대로 궤도에 오르는 것이 쉽지 않고 몇 번 위기가올 거야. 이때 포기하지 않는 용기가 필요해. 깡패 여러 명과 혼자 싸우는게 용기가 아니라 이런 것이 용기야.

조용히 끈기있게 버티는 자세가 있어야 하는데 그럴 용기가 없으니 다외워버리겠다는 둥 허세만 부리다가 결국은 포기하지. 이런 행동을 보이는 사람들이 대체로 실생활에서도 문제가 생기면 머리를 써서 지혜롭게 문제를 해결하기보다는 힘이나 목소리로 해결하는 경향을 보이더라.

모태솔로 사촌형 ： 고등학교 수학책에서 시작하자마자 다항식/방정식을 이렇게 강조하는 것은 뉴턴이나 라이프니츠 같은 수학자들이 무한급수를 다항식처럼 이리저리 연구하고 응용하다가 결국 미적분을 발견하게 되는 역사적인 과정이 있었기 때문이야. 특히 미분 같은 경우 단지 새로운 기호가 몇 개 추가된 다항식의 연산방식이라고 볼 수 있어.

고등학교 수학의 대부분은 이렇게 다항식, 방정식을 조작해나가면서 논리가 전개되니까 처음에 힘들더라도 제대로 해둬야 해. 다항식 다루기는 한마디로 수학의 기초체력이라고 할 수 있어. 그런 의미에서 중요한 것 몇 개를 맛보기로 보자. 다항식이 우리가 배울 고교수학 내용 중 여기저기 사용된다는 걸 보여주려니 아직 배우지 않은 내용들을 설명해야 하는 어려움이 있다. 그러니 이항정리를 제외한 나머지는 어려우면 지금은 넘어가고 나중에 다시 봐도 괜찮아.

---

2. 페르마의 최대값 구하기

모태솔로 사촌형 : '페르마의 마지막 정리'로 유명한 페르마(Pierre de Fermat)도 대수(결국 수학 I의 내용)를 자유자재로 사용한 수학자 중 한 명이야. 시작이니까 좀 간단한 걸로 하자. 페르마는 방정식의 값을 최대로 만드는 해를 찾는 방법도 연구했는데 이것이 나중에 미적분의 발전에도 기여하게 돼.

　　그리스 기하학(파푸스의 극대화 원리)을 잘 알고 있던 페르마는 방정식의 해가 만약에 2개 있다면 그 2개의 해가 같을 때 식 자체가 극대화된다는 것을 알고 있었어. 그걸 대수학적으로 풀어내서 일반적으로 적용될 수 있는 법칙을 찾아내고자 했었지. 페르마는 어떤 다항식의 근을 각각 $p(a)$, $p(b)$라고 놓고 $p(a)=p(b)$가 되도록 식을 구성했어. 무슨 말이냐 하면 $y=6x-x^3$이라는 식이 있다면 이 식은 x가 마냥 커진다고 해서 y가 커지지 않아. 이 식을 최대화하기 위해서 a와 b를 대입하면

$$6a - a^3 = 6b - b^3$$

위의 식을 조금 바꾸면 $b^3 - a^3 = 6b - 6a$. 여기에 곱셈법칙을 적용하면 $b^3 - a^3 = (b-a)(b^2 + ba + a^2)$이니까 $(b-a)(b^2 + ba + a^2) = 6(b-a)$.

양변에서 $(b-a)$를 없애면 $b^2 + ba + a^2 = 6$이고 $a = b$이니까 $3b^2 = 6$, $b^2 = 2$, $b = \sqrt{2}$인 것을 알아냈어.

페르마도 이런 식으로 너희들이 지금 배우는 곱셈법칙을 사용해서 자신의 이론을 설명했어. 사실 페르마가 활동했던 17세기 당시에는 수학기호나 계산방식이 지금 쓰는 것과 많이 다르긴 했지만 현대식으로 풀어내면 앞의 식과 같아.

3. 이항정리

모태솔로 사촌형 : 자, 이제 페르마를 통해 몸을 좀 풀었으니 고등학교 수학에 너무나도 중요한 이항정리를 보자. 뉴턴이 이항정리에 관심을 가지면서 수학의 발전에 시동을 걸었다고 할 만큼 중요한 정리야. 고등학교 수학에서 이항정리만큼 여기저기 나오는 것도 없어. 그래서 벌써 한번 봤잖아. 조금 전에 곱셈공식을 확장하는 방법으로 간단한 이항정리를 봤는데,[9] 그건 중학생들이나 보는 거고 고수들은 지금 설명하려는 내용을 이해하고 있어. 다시 말하지만 이건 중요한 거야. 오늘 배운 내용 중에 하나만 건져야 한다면 이항정리를 건져라. 그만큼 쓸모가 있어. 다만 처음에

---

9    $(a+b)^3 = (a+b)(a+b)^2 = a(a^2 + 2ab + b^2) + b(a^2 + 2ab + b^2)$

보기에 복잡하니 끈기있게 물고 늘어져야 해, 뉴턴처럼!

이항정리는 오래전부터 알려져왔는데 1664~1665년 뉴턴이 체계적으로 정리하고 새로운 내용도 추가했기 때문에 사실상 뉴턴의 발견이라고 봐야 해. 이항정리에서 '이항(binomial)'이라는 것은 2개의 항이란 뜻이고 보통 2개의 항을 더한 것이 괄호 안에 들어 있는 형태로 자주 나타나는데 $(x+a)$ 또는 $(x+b)$처럼 괄호 안에서 서로 다른 2개의 항이 더해지는 형태를 말해.

우리는 이 괄호 안에 들어 있는 이항들을 서로 곱하는 경우를 주로 다뤄. 예를 들어 $(x+a)$와 $(x+b)$를 곱한다고 하면 잘 알다시피 $x^2+ax+bx+ab$가 나오겠지? $(x+a)(x+b)(x+c)$는 전개하면 $x^3+(a+b+c)x^2+(ab+ac+bc)x+abc$가 될 것이야.

2개의 항 중에 앞의(왼쪽) 항은 x로 통일되어 있으니 곱하면 제곱, 세제곱의 형태를 가지게 되고 뒤의 항은 a, b, c 등으로 각기 다르니 계수의 형태로 나열될 거야. 위의 식을 나열된 형태로 표현해보면 이렇게 되겠지.

$$(x+a)(x+b)=\boldsymbol{x}^2+{}^{a}_{b}\,\boldsymbol{x}+ab$$

$$(x+a)(x+b)(x+c)=\boldsymbol{x}^3+{}^{a}_{b}{}_{c}\,\boldsymbol{x}^2+{}^{ab}_{bc}{}\,\boldsymbol{x}+abc$$

더 복잡한 $(x+a)(x+b)(x+c)(x+d)(x+e)$는 다음과 같이 될 거야.[10]

10　　Egmont Colerus, *Mathematics for Everyman*, 195쪽.

$$= x^5 + \begin{matrix} a \\ b \\ c \\ d \\ e \end{matrix}\, x^4 + \begin{matrix} ab \\ ac \\ ad \\ ae \\ bc \\ be \\ cd \\ ce \\ de \end{matrix}\, x^3 + \begin{matrix} abc \\ abd \\ abe \\ acd \\ ace \\ ade \\ bcd \\ bce \\ bde \\ cde \end{matrix}\, x^2 + \begin{matrix} abcd \\ abce \\ abde \\ acde \\ bcde \end{matrix}\, x + abcde$$

얼핏 복잡해 보이는데, 차분하게 보면 어려운 것은 없어. 이걸 직접 연습장에 하나씩 나열해보자.

들여다보면 5개의 괄호가 곱해진 이런 상태 (　)×(　)×(　)×(　)×(　)이고 각 괄호 안에는 x가 하나씩 있잖아. 각 괄호 안의 x를 다 곱하면 x^5가 나올 거야. 그다음에 a를 보면, a는 $(x+a)$ 안에 들어 있으니 같은 괄호 안의 x와는 곱해질 수 없고 나머지 4개 괄호 안의 x와 곱해져서 ax^4이 나올 것이야. 나머지 b, c, d, e도 똑같이 해줘야 하니 5개의 x^4이 있는 거야. 계수가 되는 a, b, c, d, e 중 1개를 뽑는 여러 가지 경우를 나열한 것이 바로 이거야.

$$\begin{matrix} a \\ b \\ c \\ d \\ e \end{matrix}\, x^4$$

다음엔 계수가 되는 a, b, c, d, e 중 2개를 뽑아서 x와 곱해줘야 해. 그렇게 할 수 있는 경우의 수는 위에 나열한 10가지 종류가 있는 걸 알 수 있지. 5개의 괄호에서 2개 괄호를 선택했으니 선택하지 않은 괄호는 3개가 있고 그 선택하지 않은 괄호 안의 x들과 곱해주니 □□x^3의 형태가 될 거야. 하나씩 나열해보면,

$$ab$$
$$ac$$
$$ad$$
$$ae$$
$$bc$$
$$bd \quad x^3$$
$$be$$
$$cd$$
$$ce$$
$$de$$

이런 식으로 끝까지 진행해 나가면 앞의 식과 같게 되겠지? 시간은 좀 걸리겠지만 직접 앞의 식처럼 만들어봐. 뉴턴도 이렇게 하나하나 풀어봤어.

관찰력이 뛰어나다면 여기서 알 수 있는 것이, 괄호들을 곱한 것을 전개해서 풀어낸 식의 항들의 개수는 원래의 괄호들의 개수보다 하나 더 많다는 거야. $(x+a)(x+b)$를 전개하면 항의 개수는 3개, $(x+a)(x+b)(x+c)(x+d)(x+e)$를 전개하면 항의 개수는 6개가 돼.

전개한 식을 좀 멋지게 써보면 아래와 같이 쓸 수 있어. 이런 걸 일반화 라고 하는데 숫자 대신 알파벳 기호를 써서 관련 식의 구조(또는 틀)를 보여주도록 한 거야.

$$c_0 \cdot x^n + c_1 \cdot x^{n-1} + c_2 \cdot x^{n-2} + \cdots + c_{n-1} \cdot x^1 + c_n \cdot x^0$$

마지막 항에 $c_n \cdot x^0$이 붙어서 항의 수가 하나 더 많아지는 거지. 주목

할 것이 세 가지 있다. 첫째, 여기서 x의 지수는 항이 늘어날 때마다 하나씩 감소하는 반면 c는 하나씩 증가해. c_0일 때 x^n, c_1이면 x^{n-1}, 이런 식으로 x의 지수가 감소하고 있어. 둘째, 마지막 x^0은 0승이기 때문에 x에 어떤 수가 대입되더라도 결과는 무조건 1이야. 셋째, 각 항의 c들은 해당 항의 계수들의 합을 말해. $(x+a)(x+b)(x+c) = x^3 + (a+b+c)x^2 + (ab+ac+bc)x + abc$를 예로 들어보면, 여기서 c_0은 x^3 앞의 1이라고 할 수 있고 c_1은 x^2 앞의 $(a+b+c)$, c_2는 $(ab+ac+bc)$, $c_4 = abc$야.

　복잡하지? 이런 것들은 한번에 다 이해하려 하지 말고 천천히 봐야 해. 복잡한 개념을 배울 때는 우선 확실히 이해되는 것이 무엇이고 안 되는 것이 무엇인지 구분을 해보고 아는 것부터 시작해서 꿰어 맞춰가는 것도 한 가지 방법이지. 나는 그런 식으로 풀어나가니까 좀 이해가 되던데, 사람마다 자신에게 맞는 방식을 개발해야 해. 그리고 또 수학을 배울 때 개념이 단번에 이해되는 것이 꼭 좋은 것만은 아니야. 바로 이해가 안 돼서 이리저리 고민하고 궁리하는 과정이 머리가 좋아지는 과정이거든. 그렇게 혼돈스럽고 괴로운 시기를 거치지 않으면 발전이 없어. 웨이트 운동을 해도 쉽게 들 수 있는 무게만 들면 근육이 생기지 않듯이. No Pain, No Gain이란 말 들어봤지?

　자, 이제 조금 변화를 줘보자. 만약에 괄호 안의 오른쪽 항이 a, b, c 등 각기 다른 것이 아니라 모두 다 a라면 어떨까? 그러니까 예를 들어 $(x+a)^5$이 된다면? 우선 좀 전에 일반화된 구조를 만들었으니 사용해보자. 구조는 같을 것이고 그 안에 들어가는 내용만 달라질 거야.

　즉 $(x+a)^n = c_0 \cdot x^n + c_1 \cdot x^{n-1} + c_2 \cdot x^{n-2} + \cdots + c_{n-1} \cdot x^1 + c_n \cdot x^0$에

서 x들은 변하지 않으니 계수인 c들이(c_0, c_1, c_2, $\cdots$ c_{n-1}, c_n) 어떻게 변하는지만 알아내면 돼. 자, 해보자.

$(x+a)^5 = c_0 \cdot x^5 + c_1 \cdot x^4 + c_2 \cdot x^3 + \cdots + c_3 \cdot x^2 + c_5 \cdot x^0$을 예로 들어볼게. 조금 전에 한 것과 크게 다르지 않아. 우선 c_0은 앞의 항인 x들만을 곱하는 x^n의 계수를 찾는 것이니 1이 나와. c_1은 a를 자기 자신을 제외한 다른 모든 괄호 속의 x에 곱해주는 거야. 자기 자신을 제외한 괄호의 수는 $(n-1)$개이니 $x^{n-1}(=x^4)$이 나오는 것을 확인할 수 있고 c_1은 괄호의 수와 같은 n에 a를 곱한 것이 될 거야. 앞서 봤던 사례에서 $(a+b+c+d+e)$가 $(a+a+a+a+a)$로 변한 거니까 $5a$.

c_2는 2개를 뽑는 것이니 a^2이 일단 들어가고 n개의 괄호에서 오른쪽 항 계수(이 경우 a)를 선택하는 경우의 수를 나열하면 10이 될 거야. 앞선 사례에서 x^3 앞의 계수들을 의미해. 10개의 a^2이 있다는 말이지. 이런 식으로 모두 전개해나가면 결국 $(x+a)^5 = 1 \cdot x^5 + 5ax^4 + 10a^2x^3 + 10a^3x^2 + 5a^4x + 1 \cdot a^5$이 될 거야.

그런데 가만히 보면 각 항의 맨 앞에 나와 있는 숫자들은 일정한 규칙을 가지고 있어. 파스칼의 삼각형 들어봤지? 이런 식으로 1로 시작한 후 한 칸 위의 양옆 숫자를 더해서 삼각형 형식으로 계속 더해가는 거야. 이것도 직접 연습장에 만들어봐. 17세기에 파스칼(Blaise Pascal)이 널리 알려서 '파스칼의 삼각형'이라고 불리지만 중국인들은 이보다 오래전인 송나라 때 이미 알고 있었다고 해.

$$1$$

$$1 \quad 1$$

$$1 \quad 2 \quad 1$$

$$1 \quad 3 \quad 3 \quad 1$$

$$1 \quad 4 \quad 6 \quad 4 \quad 1$$

$$\boxed{1 \quad 5 \quad 10 \quad 10 \quad 5 \quad 1}$$

$$1 \quad 6 \quad 15 \quad 20 \quad 15 \quad 6 \quad 1$$

$$1 \quad 7 \quad 21 \quad 35 \quad 35 \quad 21 \quad 7 \quad 1$$

- -

우리가 방금 봤던 $(x+a)^5$의 경우 6번째 열에 나열된 숫자들과 같지? 이 숫자들을 이항계수(binomial coefficient)라고도 부르는데, 이걸 이용하면 간단하게 각 항들의 계수를 구할 수 있지.

마지막으로 한 가지만 더 보자. 지금 설명하는 것은 나중에 순열과 조합에서 배우는 것인데 이렇게 쓰인다는 것만 알고 가볍게 넘어가도록 해.

파스칼의 삼각형은 아래와 같이 조합(combination)기호의 삼각형으로 만들 수도 있어. 조합은 기호로는 $_n\mathbf{C}_k$ 또는 $\binom{n}{k}$이라고 표현하는데 n개 중 k개를 선택하여 나열할 때 나타날 수 있는 모든 경우의 수를 의미해. 계산을 위한 식은 $\dfrac{n!}{k!(n-k)!}$이야.

팩토리얼(Factorial)이라 불리는 ! 기호의 계산은 알고 있니? 숫자 뒤에 ! 기호가 붙으면 그 밑으로 집합시켜서 다 곱해버린란 얘기야. 예를 들어 $3!$은 $3 \times 2 \times 1$, $10!$은 $10 \times 9 \times 8 \times 7 \times 6 \times 5 \times 4 \times 3 \times 2 \times 1$이고.

아래 그림과 같이 조합으로 이뤄진 삼각형도 있는데 주어진 n개의 계수 중 곱할 것을 k개 선택하는 방식이야. 바로 우리가 원래 식을 직접 전개하던 방식이니 의미도 맞아떨어져. 그래서 식으로 표현하길, $(x+a)^n = \sum_{k=0}^{n} \binom{n}{k} x^k a^{n-k}$ 로 하기도 하지. 조합의 공식이 나온 배경은 따로 설명하니[11] 지금 참조해도 되고.

$$\binom{0}{0}$$
$$\binom{1}{0} \quad \binom{1}{1}$$
$$\binom{2}{0} \quad \binom{2}{1} \quad \binom{2}{2}$$
$$\binom{3}{0} \quad \binom{3}{1} \quad \binom{3}{2} \quad \binom{3}{3}$$
$$\binom{4}{0} \quad \binom{4}{1} \quad \binom{4}{2} \quad \binom{4}{3} \quad \binom{4}{4}$$
$$\binom{5}{0} \quad \binom{5}{1} \quad \binom{5}{2} \quad \binom{5}{3} \quad \binom{5}{4} \quad \binom{5}{5}$$

이항정리는 통계에도 자주 나오고 여러모로 쓸모가 있는데 뉴턴의 시대에는 주로 어떤 수의 근사치를 구하는 용도로 사용했어. 예를 들면 1.01^{10}을 이항정리를 통해 전개할 수 있는데 해보면 근사값을 구할 수 있어. 이제 이항정리 복습을 해볼까? $(1+0.01)^{10}$이라 놓고 직접 계산을 해보자.

우리가 배운 식에 꿰어 맞춰보면 $(1+0.01)^{10} = 1 + (10)(1^9)(0.01) + (45)(1^8)(0.01^2) + (120)(1^7)(0.01)^3 \cdots$이 나올 거야. 답은 대략 1.10462가 나오고. 오늘날에는 계산기로 쳐보면 간단하겠지만 그 옛날 계산기가 없

11   자세한 내용은 [별첨] 순열과 조합 편(201쪽)을 참조하세요.

었을 때는 이항정리를 통한 계산이 아주 유용했어.

우리가 지금 본 이항정리는 지수가 양의 정수인 경우만 해당돼. 이 지수가 음수나 분수가 되는 경우에는 무한급수가 되어버리는데 이것을 알아낸 사람이 뉴턴이야. 여기서 힌트를 얻어 무한에 대한 연구를 계속하다가 미적분으로 연결하지. 이항정리는 미적분과도 관련이 깊고 순열과 조합에도 다시 나오는 등 고교수학에서 약방의 감초 같은 녀석이야.

---

4. 데카르트의 인수정리(나머지 정리)

모태솔로 사촌형 ⋮ 조금 전에 인수분해가 끝나고 나머지 정리를 알아봤지? 이건 데카르트가 발견하고 증명한 거야. 나머지 정리 중 $r=0$ 같은 특수한 경우인 인수정리(Factor Theorem)를 데카르트가 어떻게 증명했는지 알아보자. 우선 인수정리가 뭐냐? 복습해보자. 동현이 한번 말해보자.

동현이 ⋮ 어떤 다항식 p가 있고 $p(r)=0$이라고 하면 $(x-r)$은 $p(x)$의 인수가 된다, 이런 거 아닌가요?

모태솔로 사촌형 ⋮ 맞아, 잘했어. 이제 고수들이 쓰는 방법으로 증명을 해보자.

데카르트는 우선 아래와 같이 식을 세웠어.

$$p(x)=a_0+a_1x^1+a_2x^2+a_3x^3+\cdots a_nx^n$$
$$p(y)=a_0+a_1y^1+a_2y^2+a_3y^3+\cdots a_ny^n$$

여기서 $p(x)-p(y)$는 계산해보면 이렇게 나올 거야.

$$p(x)=a_0+a_1x^1+a_2x^2+a_3x^3+\cdots a_nx^n$$
$$-\quad p(y)=a_0+a_1y^1+a_2y^2+a_3y^3+\cdots a_ny^n$$
$$\overline{p(x)-p(y)=a_1(x-y)+a_2(x^2-y^2)+a_3(x^3-y^3)+\cdots a_n(x^n-y^n)}$$

오른쪽 항들을 보면 모두 $(x-y)$로 묶을 수 있어. 그럼 $(x^n-y^n)=(x-y)$ $\cdot(x^{n-1}+x^{n-2}y+x^{n-3}y^2+\cdots y^{n-1})$이 되니까, 그냥 간단하게 줄여서 $p(x)-p(y)=(x-y)q(x)$라고 해버리는 거야.

이제 여기서 $y=r$, $p(r)=0$이라고 하면 바로 인수정리의 결과인 다음과 같은 식이 나와.

$$p(x)=(x-r)q(x)$$

이게 바로 수학 I에 나오는 인수정리야. 데카르트의 작품이지.

---

5. 오일러의 인수분해[12]

모태솔로 사촌형 : 인수정리 얘기가 나왔으니 오일러의 인수분해를 얘기하지 않을 수 없구나. 이것도 내가 가장 좋아하는 것 중 하나지.

여기엔 삼각함수도 나오고 무한급수도 나와서 지금 보기엔 무리가 있을 거야. 하지만 조만간 너희들이 고교수학을 어느 정도 이해하고 나면 우리가 왜 오일러를 존경해야 하는지 알게 될 거다.

---

12   삼각함수와 무한급수의 내용이 포함되어 있으니 고등학교 수학을 처음 접하는 학생은 나중에 보도록 하세요.

오일러는 $sinx$ 함수를 인수분해하여 아래와 같은 식을 발견했어. 오일러가 살던 당시 수학자들의 관심을 끌었던 문제 중 바젤 문제(Basel Problem)라 불리는 것이 있었는데 바로 이거였단다. $\frac{1}{1^2}+\frac{1}{2^2}+\frac{1}{3^2}+\frac{1}{4^2}+\cdots=?$ 이 문제는 1689년에 라이프니츠와 베르누이 형제들이 제기했다가 포기하고 두 손 들었던 문제였는데 오일러가 1735년에 다음과 같이 답을 찾았어.

$$\frac{1}{1^2}+\frac{1}{2^2}+\frac{1}{3^2}+\frac{1}{4^2}+\cdots=\frac{\pi^2}{6}$$

오일러는 $sinx$ 함수를 이용해서 문제를 풀었는데 왜 $sinx$ 함수를 택했는지는 알 수 없지만 워낙에 머릿속에 온갖 계산을 하고 있던, 기억력이 비상한 사람이어서 자신이 계산해봤던 식에서 유사점을 찾았을 거야.

나중에 무한급수를 배울 때 보겠지만 $sinx=x-\frac{x^3}{3!}+\frac{x^5}{5!}-\frac{x^7}{7!}+\cdots$ 같이 무한으로 더해져가는 식인데, 오일러는 $sinx$ 함수가 다항식이 아니라 무한급수의 성질이라는 것을 알았지만 다항식이라고 가정을 하고 다항식처럼 다뤘고 또 $sinx$ 함수가 아래와 같은 그래프를 그린다는 점에

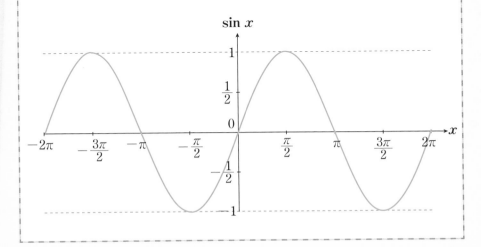

착안해서 데카르트의 인수정리를 이용해 인수분해를 해버린 거야.

보다시피 $sinx$ 함수는 $0, \pm\pi, \pm2\pi, \pm3\pi\cdots$에서 0이 되는데 이걸 이용해서 우선 이렇게 사인함수를 재구성했어.

$$sinx = x\left(1-\frac{x^2}{\pi^2}\right)\left(1-\frac{x^2}{2^2\pi^2}\right)\left(1-\frac{x^2}{3^2\pi^2}\right)\cdots$$

우변의 첫 x는 $sinx$가 0인 경우, 그다음 $\left(1-\frac{x^2}{\pi^2}\right)$은 $sinx$가 $\pm\pi$인 경우, 또 $\left(1-\frac{x^2}{2^2\pi^2}\right)$은 $sinx$가 $\pm2\pi$인 경우의 인수들을 의미해. 이렇게 계속 진행되는 거지. 어떻게 나왔는지 자세히 살펴보자.

오른쪽 변에 있는 $\left(1-\frac{x^2}{\pi^2}\right)$을 예를 들어보자. 원래 인수정리에 따르면 $\pm\pi$에서 $sinx$의 값이 0이니 $(x-\pi)(x+\pi)$와 같은 형식으로 표현할 수 있어. 그런데 오일러는 이 식을 조금 바꿔서 $(\pi-x)(\pi+x)$와 같은 형식으로 만들고 여기에 π^2으로 나눠줘서 $\frac{(\pi-x)(\pi+x)}{\pi^2}=\frac{\pi^2-x^2}{\pi^2}=\left(1-\frac{x^2}{\pi^2}\right)$으로 만들었지. 다항식을 자유자재로 다룬다는 것은 바로 이런 거야.

그다음에는 $sinx = x\left(1-\frac{x^2}{\pi^2}\right)\left(1-\frac{x^2}{2^2\pi^2}\right)\left(1-\frac{x^2}{3^2\pi^2}\right)\cdots$을 곱하는데, 여기서도 오일러답게 불필요한 것은 빼고 핵심만을 추려내. 식의 앞부분만 보자. 오일러는 원래의 식에서 x와 수많은 1들이 곱해지면 x가 될 것이고 x와 수많은 x^2들이 곱해지면 x^3이 나온다는 것을 알고 있었고 끝까지 다 곱하지 않고도 다음과 같이 식을 변형했어.

$$sinx = x - x^3\left(\frac{1}{\pi^2}\right)\left(\frac{1}{2^2\pi^2}\right)\left(\frac{1}{3^2\pi^2}\right) + x^5(\cdots) - \cdots$$

오일러는 위의 식과 원래 $sinx$ 전개식을 비교했어. 한번 비교해보자.

$$sinx = x - \frac{x^3}{3!} + \frac{x^5}{5!} - \frac{x^7}{7!} + \cdots$$

x^3이 들어간 항만 비교해보면 $\dfrac{1}{\pi^2}\left(1+\dfrac{1}{2^2}+\dfrac{1}{3^2}+\dfrac{1}{4^2}+\cdots\right)=\dfrac{1}{3!}$ 이 나오네. 이것만 놓고 보니 결국 $\dfrac{1}{1^2}+\dfrac{1}{2^2}+\dfrac{1}{3^2}+\dfrac{1}{4^2}+\cdots=\dfrac{\pi^2}{6}$ 이 되는 거지.

이렇게 오일러는 $\dfrac{1}{1^2}+\dfrac{1}{2^2}+\dfrac{1}{3^2}+\dfrac{1}{4^2}+\cdots=\dfrac{\pi^2}{6}$ 라는 결론을 내린 거야.

오일러가 다항식을 다뤘던 방식은 너무 "자유로워서" 너희들도 당황스러웠을 거야. 다른 수학자들도 오일러의 이런 점을 비판했어. 무한급수를 다항식처럼 그냥 인수분해해버리고 닥치는 대로 식을 변형시켜 이리저리 옮겨버리곤 하잖아. 보통 이런 경우 답이 맞지 않는 경우가 대부분인데 오일러의 경우 알고 있었는지 아님 운이 좋았는지 모르지만 결과가 맞았다고 해.

100년 후 바이어슈트라스(Karl Weierstrass)가 오일러의 이러한 계산방식이 틀리지 않다는 것을 확인했어. 하지만 그것보다 여기서 내가 보여주고자 한 것은 수학자들이 다항식을 자유롭게 다루면서 새로운 것을 발견해내는 모습이야. 앞으로 고교수학을 배우면서 이렇게 다항식/방정식을 창의적으로 이용해 새로운 수학 개념을 도출해낼 거야. 비에트가 처음 알파벳을 변수의 형태로 사용해서 시작된 대수학이 발전해서 복잡한 수식을 체계적으로 머릿속에 정리할 수 있게 되었고 또 이걸 새로운 법칙을 발견하는 도구로 썼다는 거야. 여기서부터 수학이 비약적으로 발전하게 돼.

참고로 다항식과 대수학의 개념을 확장해서 논리와 언어에까지 연결시켜 인간사고의 패턴을 연구한 학자들도 있어. 대표적인 사람으로 불(George Boole)이 있는데 수학 II에서 보겠지만 우리가 배우는 집합과 명제도 이 사람이 기호를 사용한 대수학의 개념을 발전시켜 나오게 된 것들이야.

Day 4

2차
방정식

근의 공식은 왜 배우나?

우식이 ː 아니, 2차 방정식은 근의 공식으로 다 풀리는데 왜 인수분해를
배운 거야?

불량 아빠 ː 사실 고등학교에서 나오는 2차 방정식은 대부분 인수분해로
구하고, 안 구해지는 경우에만 근의 공식을 써. 근의 공식은 2차 방정식을
풀기 위한 도구이기도 하지만 방정식 이론의 기초이기 때문에 배우는 것
이고.

우리가 요며칠 사이 대수학을 통해서 현실의 문제를 단순화하는 것을 배웠는데, 2차 방정식과 근의 공식은 이제 우리가 단순화한 문제를 분석하는 틀을 제공해줘. 숫자와 문자를 다항식으로 만들어서 이리저리 다루는 능력과 나중에 배울 2차식 형태의 도형들과 연관되어서 공간에 대한 감각을 키워줘.

근의 공식은 다들 외우고 있겠지? 신기하게도 중국, 인도, 아랍, 그리스 등 고대 문명권들은 다들 독자적으로 2차 방정식을 푸는 방법을 알고 있었어. 지역도 다르고, 기후도 다른 각 문화권에서 같은 문제를 가지고 고민했다는 것은 2차 방정식이 인간이 살아가는 데 도움이 되는 그 무언가를 가지고 있다는 뜻이야.

책으로 남아 있는 기록만을 볼 때는 800년대쯤 페르시아(아랍)의 수학자 알콰리즈미(al-Khwárizmi)가 최초로 근의 공식을 다루는 법을 책으로

알콰리즈미(780~850) 조각상, 우즈베키스탄
8세기 페르시아(오늘날의 우즈베키스탄)에서 태어난 알콰리즈미는 천문학, 대수학, 지리학 분야에서 당대 최고의 과학자로 활약했다. 고대 그리스와 인도의 수체계를 종합해 아라비아숫자와 영(0)을 아랍인과 유럽인에게 전파한 사람 중 한 명이다. 사인함수와 탄젠트가 포함된 정교한 천문표를 만들었으며, 2차 방정식의 기하학적 해법도 제시했다.

남겼어. 근의 공식을 영어로는 'Quadratic Formula'라고 하는데 'quadratic'이 사각형이라는 뜻이라 '정사각형을 만든다'라는 의미라고 해. 2차 방정식과 2차 도형들(타원, 포물선, 쌍곡선)이 나중에 나타나면서 의미가 조금 달라졌지만 근의 공식을 구하는 과정에서 완전제곱의 형태를 만들어서 풀어내는 것이 사각형 면적을 구하는 것과 유사해서 아직 그 이름이 남아 있어.

근의 공식 도출하기

불량 아빠 : $x^2 + 10x = 39$를 만족하는 x는 얼마일까? 이 문제가 알콰리즈미가 고민하던 문제인데 알콰리즈미도 역시 땅에 그림을 그려서 답을 찾았어. 원래 식을 변형해서 $x(x+10) = 39$로 만들어놓고 가만히 보니 이게 사각형 면적을 구하는 것과 비슷하다는 생각이 든 거지. 처음에는 아래와 같은 사각형을 만들어봤는데, 이걸로는 별 답이 안 나오더라 이거야.

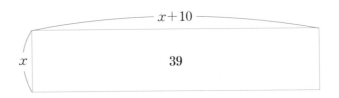

그래서 이리저리 궁리하다가 10을 2로 나눠봤어. 같은 크기의 두 변을 갖는 정사각형을 만들려면 대략 $x+5$가 적당할 거라고 예상한 거지. 그렇게 나눈 5를 각각의 변에 다음과 같이 더해서 이런 이상한 모양의 사각형을 만들었어.

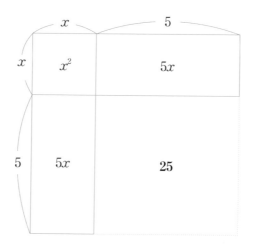

이걸 땅에다 그려보니 "니은(ㄴ)"을 테트리스처럼 시계방향으로 90도 돌린 모양("厂")이 나왔지. 면적은 여전히 같지만 도형의 모양을 "▭" 에서 이제 "厂"으로 바꾼 거야. 식으로 쓰면 $x^2 + 5x + 5x = x^2 + 10x = 39$ 가 되겠지.

그런데 알콰리즈미는 이 "厂" 모양을 만들려던 것이 아니고 정사각형 을 만들려고 했었어. 앞에서 말한 대로 'Quadratic Formula'라고 했으니 이걸 가지고 정사각형을 만들어야 하지 않겠니?

현재 빈 공간이 정사각형이고 변의 길이가 각각 5란 걸 이미 알고 있잖 아. 그걸 곱하면 25가 될 테고. 그러니까 25만큼의 가상의 정사각형 공간 을 더해주자, 이 얘기야.

위의 그림을 식으로 보면:

$x^2+10x=39$로 "┏" 모양의 땅 면적이 39였어. 그런데 가상의 25를 더한 것이 $x^2+10x+25=39+25$이야.

양변에 모두 25씩을 더한 것이기 때문에 식 전체에 영향을 주지는 않지.

그렇게 하고 나면, 이 식은 편리하게도 $(x+5)^2=8^2$으로 정리가 돼. 결국 $x+5=8$, $x=3$을 찾아냈어. 알콰리즈미는 이렇게 시행착오를 거치고 여러모로 궁리를 한 끝에 답을 찾은 거야.

알콰리즈미와 그 후대의 수학자들은 이렇게 답을 찾은 후에 그 과정을 좀 더 발전시켜서 어떤 종류의 2차식에도 이용할 수 있는, 지금 우리가 고등학교에서 배우는 근의 공식으로 발전시켰어. 그 도출과정은 다음과 같아.

① $ax^2+bx+c=0$

② $ax^2+bx=-c$

③ $x^2+\dfrac{b}{a}x=-\dfrac{c}{a}$

$$\dfrac{b}{2a} \rightarrow \dfrac{b^2}{4a^2}$$

$$x^2+\dfrac{b}{a}x+\dfrac{b^2}{4a^2}=-\dfrac{c}{a}+\dfrac{b^2}{4a^2}$$

④ $x^2+\dfrac{b}{a}x+\dfrac{b^2}{4a^2}=-\dfrac{4ac}{4a^2}+\dfrac{b^2}{4a^2}$

⑤ $\left(x+\dfrac{b}{2a}\right)^2=\dfrac{b^2-4ac}{4a^2}$

⑥ $x+\dfrac{b}{2a}=\pm\sqrt{\dfrac{b^2-4ac}{4a^2}}=\dfrac{\pm\sqrt{b^2-4ac}}{2a}$

⑦ $x=-\dfrac{b}{2a}\pm\dfrac{\sqrt{b^2-4ac}}{2a}=\dfrac{-b\pm\sqrt{b^2-4ac}}{2a}$

복잡해 보이지만 결국 $\dfrac{b}{2a}\left(\rightarrow\dfrac{b^2}{4a^2}\right)$를 창의적으로 끼워 넣고 활용해

서 ⑤에 있는 $\left(x+\dfrac{b}{2a}\right)^2$ 이라는 정사각형을 만드는 것이 핵심이야. 방금 봤던 알콰리즈미의 사례에서는 이것이 5→25였지. 원래 알콰리즈미의 식에서도 보듯이 사각형을 만드는 것이 문제해결의 열쇠였다는 점을 기억해두면 이해하기 쉬울 거야.

동현이 : 아, 이것 때문에 중학교 때 완전제곱 만들기 연습을 그렇게 했던 건가요?

불량 아빠 : 그렇지! 그래서 중학교 수학을 모르면 그것부터 시작하라고 말하는 거야. 수학은 초등학교 때 배운 것부터 모두 순서가 있거든.

판별식은 또 뭐야?

불량 아빠 : 근의 공식을 설명했으니 이제 판별식을 안 다루고 가면 섭섭하지. 판별식은 영국의 실베스터(Joseph Sylvester)가 만들고 이름을 지은 것으로 'Discriminant'로 불리고 영어책에서는 우리가 쓰는 D 말고도 Δ (델타)로 표시되기도 하는데 그런 경우는 아주 드물어. 나중에 미분에도 델타가 나오기 때문에 헷갈릴 수 있거든. 판별식은 2차 방정식에서 여러모로 응용되고 참고서를 보면 설명이 잘 되어 있으니 응용법에 대해 내가 할 얘기는 별로 없고, 실베스터란 사람에 대해서만 몇 마디 해줄게. 나중에 배울 행렬은 이 사람이 최초로 사용한 용어라고 하는데 실베스터는 행렬 이론에도 이바지했어.

런던의 유대인 가정에서 태어난 그는 원래 런던 대학에서 드모르간(짐

합의 연산에서 드모르간 법칙 들어봤지?) 교수와 함께 동료 교수로 재직하고 있었는데 무슨 바람이 들었는지 1841년에 신대륙 미국의 버지니아 대학으로 옮겨갔어. 유대인이 미국에서 교수직을 얻은 첫 사례였지만 버티지 못하고 3개월 만에 돌아왔지. 당시 차별받던 유대인인데다가 노예제도에 반대한다는 말을 공공연히 하고 다녔기 때문에 노예제도로 경제를 유지하던 버지니아에서 별로 좋은 대접을 못 받은 게지. 결국 학생과 문제가 생겨서 버지니아 대학 교수직을 그만두게 돼. 어떤 사람은 실베스터가 무례했던 학생을 칼로 찔렀다고도 하고, 또 다른 사람은 실베스터가 문제 학생을 학교 측에서 벌을 주길 원했는데 그러지 않아서 영국으로 돌아갔다고도 하고. 심지어 실베스터가 남학생과 사랑에 빠졌다는 소문도 있었어. 이

나이팅게일(1820~1910)
실베스터(1814~1897)
영국의 간호사, 나이팅게일(위)은 의료 통계 분야에 큰 업적을 남긴 통계학자이기도 했다. 행렬 이론과 수론, 조합론에 공헌한 영국의 수학자, 실베스터(아래)는 나이팅게일의 수학 과외 선생이었다.

유는 알 수 없지만 워낙 버지니아에서 사람들한테 미움을 받다보니 그렇게 된 것 같아.

우여곡절 끝에 영국으로 돌아와서는 보험계리사 일을 하면서 과외로 먹고사는데 과외학생 중 한 명이 바로 나이팅게일(Florence Nightingale)이었어. 나이팅게일이 간호사로 유명하지만 행정능력이 뛰어났고 실베스터에게 배운 수학과 통계학 실력을 바탕으로 크림전쟁 당시 부상병동의 사망자 수를 엄청 줄이는 등 경영능력이 뛰어났었다고 해. 수학과 통계를

잘해야 훌륭한 경영자가 될 수 있단다.

동현이 : 그래서 판별식이 뭔가요?

불량 아빠 : 앗! 나의 실수, 그 얘길 안 했었나? 판별식은 b^2-4ac야.

2차 방정식에서 가장 중요하다고 할 수 있는 이 판별식은 근의 공식 $x=\dfrac{-b\pm\sqrt{b^2-4ac}}{2a}$ 에서 근호(루트) 내부의 b^2-4ac만을 빼낸 것이야. 즉 판별식 $D=b^2-4ac$라고 하지. 이게 아주 쓸모가 많아.

판별식은 실근의 개수를 판별하는 식이어서 판별식인데, 2차 방정식의 근이 실수이면 실근, 허수이면 허근, 그리고 완전제곱식이어서 중복으로 나오면 중근이라고 하거든. $D>0$이면 실근이 2개여서 서로 다른 실근을 갖고, $D=0$이면 실근이 1개여서 중근을 갖고, $D<0$이면 실근이 0개여서 서로 다른 2개의 허근을 가져.

판별식은 다른 용도로도 많이 쓰이는데, 2차 함수의 그래프의 경우 판별식에 따라서 그래프가 x축과 만나는지를 알기도 하고 접선을 구하기도 해. 2차 방정식, 2차 곡선, 2차 함수는 워낙에 중요해서, 내일모레쯤 2차 곡선을 볼 때 비슷한 내용들을 더 깊이있게 다룰 거야. 그리고 나중에 수학 II에서 함수를 다룰 때도 다시 나와.

근과 계수의 관계, 방정식 이론

불량 아빠 : 이제 근과 계수의 관계를 좀 보자. 방정식의 근과 계수의 관계를 처음으로 발견한 사람은 비에트야. 이 아저씨 또 나왔지? 우리가 지

금 배우고 있는 근과 계수의 관계, 방정식의 이론에 나오는 내용들은 대부분 원래 비에트의 노트에 기록되어 있던 것들이야. 비에트는 당시 이걸 책으로 내지 않았는데 절친이었던 스코틀랜드 수학자 앤더슨(Alexander Anderson)이 사후에 대신 논문으로 발간해준 거야. 이 논문은 나중에 뉴턴, 데카르트에게도 영감을 주고 현대 대수학이 발전하는 계기를 만들어주지. 비에트의 노트에 있던 내용들은 현대식으로 표현하면 다음과 같이 우리가 배우는 내용이랑 똑같아.

"만일 $x^2+px+q=0$과 같은 2차식이 있고 그 근이 α, β라고 하면 다음의 식도 성립한다.

$$(x-\alpha)(x-\beta)=0$$

위의 식에 α와 β 이외에 다른 해가 없다면 다음과 같은 식으로 바꿀 수 있다.

$$x^2-(\alpha+\beta)x+\alpha\beta=0$$

그러므로 $\alpha+\beta=-p, \alpha\beta=q$가 된다."

비에트는 이 같은 내용을 3차식과 4차식으로도 확장했는데 $x^3+px^2+qx+r=0$과 같은 3차식에서는 $\alpha+\beta+\gamma=-p$, $\beta\gamma+\gamma\alpha+\alpha\beta=q$, $\alpha\beta\gamma=-r$이 성립한다는 식의 메모도 남겼어.

이런 내용은 1629년에 프랑스 수학자인 지라르(Albert Girard)가 공식적으로 『대수학의 새발견*New Discoveries in Algebra*』이라는 책에 수록하는데, 영국의 아이작 뉴턴이 그 책을 읽고 연구해서 나름 방정식의 이론에도 기여하게 돼.

동현이 : 뉴턴도 참 자주 나오네요.

불량 아빠 : 그렇지? 뉴턴이 케임브리지 대학에 다니고 있던 1665년 알수 없는 전염병(흑사병)이 영국을 덮쳤대. 학생들은 자기 집으로 돌아가야 했지. 뉴턴도 시골집에 2년간 있었어. 그 2년간 고향에 있으면서 비에트가 연구한 내용을 읽고 노트에 적어놓은 것이 우리가 배우는 방정식의 이론과 근과 계수에 관한 내용들이야.

뉴턴이 방정식에 대해 관심을 가진 건 2개의 3차 방정식이 공통근을 갖는 경우에 답을 찾으려 하면서였다고 하는데, 그 후 대학에 돌아가서는 주로 근과 계수의 관계, 방정식의 이론에 대해서 강의를 했다고 해. 강의가 학생들에게 인기는 별로 없었대. 나중에 뉴턴이 쓴 책이 뜨면서 조금 달라지긴 했지만.

뉴턴이 특히 관심이 있었던 것은 방정식의 해가 대칭을 가진다는 것이었는데 이를 바탕으로 프랑스 학자들인 방데르몽드(Alexandre Vandermonde)와 라그랑주(Joseph Louis Lagrange), 그리고 갈루아(Evariste Galois)로 이어지는 현대 대수학의 계통도가 만들어져. 그 후의 과정은 고등학교 과정에는 안 나오지만 고등학교 수학에서 봐둘 것은 뉴턴이 강조한 방정식 해의 대칭성이야. 아주 간단한 내용으로 다음과 같은 근과 계수의 관계가 있어.

2차 방정식 $x^2+px+q=0$이 있고 해가 각각 α와 β라면, 다음이 성립해.

$$\alpha = \frac{1}{2}[(\alpha+\beta)+(\alpha-\beta)]$$

$$\beta = \frac{1}{2}[(\alpha+\beta)-(\alpha-\beta)]$$

제곱과 제곱근을 조작하면 위의 두 개의 식을 아래와 같이 하나로 만들 수 있지.

$$\frac{1}{2}[(\alpha+\beta)-\sqrt{(\alpha-\beta)^2}]$$

자, 여기서 $(\alpha-\beta)^2$은 $\alpha^2-2\alpha\beta+\beta^2$이니까 $(\alpha+\beta)^2-4\alpha\beta$로 놓고 우리가 이미 알고 있는 비에트의 $\alpha+\beta=-p$, $\alpha\beta=q$를 활용해서 p^2-4q를 만들 수 있지.

방정식 이론은 비에트에서 시작해서 뉴턴이나 데카르트가 상당히 관심을 갖고 연구해온 분야인데 이 사람들이 수학에 워낙 많은 기여를 하는 바람에 다른 굵직한 업적들에 가려져서 좀 덜 유명해. 하지만 이들의 업적이 체계적으로 발전해서 나중에 미적분까지 이르렀다는 점을 기억해둬.

연립방정식과 행렬식, 행렬

불량 아빠 : 연립방정식과 행렬은 연관성이 깊어서 여기서 같이 소개해야겠다. 정확히는 연립방정식과 행렬식이 관련이 깊은데, 일단 연립방정식 얘기부터 해줄게. 연립방정식은 오래전부터 기록에 남아 있어서 그리스, 바빌론 등 여러 문화권에서 그 해법을 알고 있었어. 중국 한나라 때의 수학책인 『구장산술』에도 가감법 형식의 연립방정식이 소개되어 있어. 하지만 우리가 배우는 통일된 체계로 소개한 사람은 라이프니츠(Gottfried

Wilhelm Leibniz)였어.

우식이 : 미적분을 발명한 라이프니츠가 연립방정식도 연구했어?

모태솔로 사촌형 : 대략 맞아. 지금 우리가 배우는 것과 똑같지는 않지만 기본적인 아이디어를 제공했거든. 라이프니츠는 자신의 친구였던 로피탈(Marquis de l'Hopital)에게 1683년 보낸 편지에서 자신이 다음과 같은 방정식에서 행렬식이 0이 되어야만 해가 존재한다는 사실을 발견했다고 밝혔지.

$$a + bx + cy = 0$$
$$f + gx + hy = 0$$
$$l + mx + ny = 0$$

그는 여기서 $agn + bhl + cfm = ahm + bfn + cgl$이 성립해야 한다고 했는데 $agn + bhl + cfm - ahm - bfn - cgl$이 0이 되어야 한다는 말과 같은 내용이지.

고등학교에서는 주로 2차 행렬만 배우니 지금 볼 필요는 없어. 그리고 행렬은 간단해 보이지만 19세기 중반에야 나온 것이라서 고등학교 수학 내용 중 가장 최근 것에 속해.

불량 아빠 : 한편 라이프니츠가 친구 로피탈에게 편지를 보냈던 같은 해에 일본에서도 행렬식이 발명되었다는 기록이 서양인들의 책에 남아 있어. 이게 원래 임진왜란 때 조선에서 훔쳐간 책을 통해 배운 거였어. 일본

인들이 서양인들에게 자랑스럽게 소개하는 일본의 역사적인 수학기록들을 보면 거의 모두가 임진왜란 이후에 나온 것들이야. 거 참 신기하게도.

일본은 임진왜란과 특히 정유재란 때는 맘 먹고 조선의 보물, 책들을 훔쳐갔을 뿐 아니라 도자기공, 학자들도 일본으로 끌고 갔어. 예를 들어 유학자였던 강항 선생 같은 분은 포로로 끌려가서 후지와라 세이카라는 일본 승려를 가르치고 지식을 전해주는데, 거기에 수학도 포함되어 있었지. 아무튼 일본은 임진왜란 이후 조선의 기술과 지식을 흡수하고 발전시켜서 훗날 발전의 토대를 닦았어. 우리 입장에서 억울하지만 사실 인류의 기술이나 문화가 전파되는 과정은 거의 약탈이나 정복을 통해서였어.

『양휘산법揚輝算法』
동양 수학고전 『양휘산법』. 13세기 송나라의 양휘가 편찬한 수학서적으로 곱셈의 기본규칙과 곱셈과 나눗셈의 계산법, 마방진, 농지 측량법 등의 내용이 실려 있다. 우리나라에서는 1433년 (세종 15년)에 처음 간행된 후 조선시대 수학(산학) 연구의 기본 서적으로 활용되었다.

임진왜란 때 일본이 우리나라에서 가져간 문헌 중에 『양휘산법』이라는 책이 있는데 13세기 중국 남송 시대의 양휘가 지은 수학책으로 아마도 여기서 일본인들이 행렬식을 알았을 가능성이 높아. 이 책에는 대략 지금의 수학 I과 II의 내용 정도는 다 포함되어 있었어.

조선의 선비들은 이 책으로 공부를 하며 서로 토론도 했었지. 참고로 조선의 수학실력은 꽤 높았어. 많은 부분 중국을 통해 전달되었겠지만 자체적으로도 연구를 하고 국가에서 장려했었어. 파이(π)값은 밀률이라고 이름짓고 이것이 무리수여서 계산이 나눠 떨어지지 않으니 줄여서 3.14159로 쓰기로 하자고 정한 기록도 있고 또 5차 방정식의 해법도 연구했다고 해.

세종 때는 수학을 전문으로 하는, 대학과 비슷한 시설이 있었는데 거기 속한 이순지라는 학자가 지구가 둥글다는 것을 증명하려 한 기록도 있어. 세종대왕은 정인지라는 당시 최고의 수학자를 과외선생으로 두고 수학을 공부했지. 아무튼 우리가 배우는 수학 I과 II 정도까지는 대부분 조선의 선비들도 알고 있던 내용이야.

라이프니츠 이후 다시 연립방정식과 행렬이 관련이 있다는 단초를 제공한 사람은 가우스(Carl Friedrich Gauss)였어. 가우스는 수학의 역사에서 빠질 수 없는 사람으로 연립방정식과 행렬식에 대해서도 연구업적을 남겼어. 앞에서 말한 가감법과 같은 방식을 가우스 소거법이라고도 하는데 원래는 1803년과 1809년 사이 팔라스(Pallas)라는 혜성을 관측하고 궤도를 예측하려는 과정 중에 6개의 방정식과 6개의 미지수를 구해야만 했었고 이를 계산했던 거지. 가우스는 방정식을 풀면서 다음과 같은 특징을 발견했어. 6개의 식은 너무 복잡하니까 3개의 식으로 설명할게. 만약에 아래와 같은 식이 있다면,

$$ax+by+cz=e$$

$$fx+gy+hz=k$$

$$lx+my+nz=q$$

가우스는 여기서 행렬식을 연구하다가 다음과 같이 각 방정식의 계수들만 모아놓아도 연립방정식을 풀 수 있다는 사실을 알게 돼.

$$\begin{pmatrix} a & b & c \\ f & g & h \\ l & m & n \end{pmatrix} \begin{pmatrix} x \\ y \\ z \end{pmatrix} \vdots \begin{pmatrix} e \\ k \\ q \end{pmatrix}$$

하지만 가우스는 수학이론보다는 천문학 연구에 집중했지. 행렬식의 성질에 대해 깊이 연구하고 증명을 제시한 사람은 코시(Augustin-Louis Cauchy)였어. 코시의 이론은 고등학교 수준을 넘어서니까 그냥 넘어가기로 하고. 이제 행렬식에 대해 수학자들이 자신감을 가지면서 새로운 개념인 행렬(matrix)이 아까 말했던 실베스터와 그의 케임브리지 대학 동문 케일리(Arthur Cayley)에 의해 1850년에 도입되지.

행렬의 곱셈과 합성함수

불량 아빠 : 자, 사촌형도 한마디 해야 하니 마지막으로 행렬의 곱셈을 한 번 보자. 행렬을 미리 배웠다면 행렬의 곱셈방식이 특이하다고 생각했을 거야. 그런데 자세히 뜯어보면 이건 그냥 복잡한 합성함수일 뿐이야.

우식이 : 합성함수는 나중에 배우는 건데?

모태솔로 사촌형 : 그래, 원래 수학 II에서 배우는 거지. 함수도 그렇고. 수학의 개념들은 이렇게 연결이 되어 있어서 교과과정을 왔다 갔다 하는 경우가 많아. 어차피 공부하다보면 언젠가는 볼 것인데 조금만 집중하고 따라온다면 지금 봐도 이해할 수 있는 내용이야. 지금 이해가 안 가도 나중에 볼 것이니 그때 다시 보면 되고.[13]

$$x$$

함수 f

$$y \text{ 또는 } f(x)$$

함수는 어차피 다시 볼 거지만 오늘 설명하는 용도로만 아주 짧게 요약
하자면, 위 그림처럼 어떤 수를 넣으면 그 안에서 툭탁툭탁하다가 새로운
수가 튀어나오는 블랙박스라고 생각하면 돼. 예를 들어 $2+3=5$가 나온
다는 덧셈도 함수의 일종이라고 할 수 있어. 2와 3이라는 수를 둘 다 x라
고 하고 블랙박스에 넣었더니 5가 나왔다. 블랙박스 안에서는 일어난 것
이 바로 덧셈이고.

어때, 쉽지? 함수는 기호만 좀 어려워 보일 뿐이지 별거 아니야. 합성함
수는 아래 그림처럼 단지 블랙박스 안에 블랙박스가 하나 더 들어가 있는
것뿐이야.

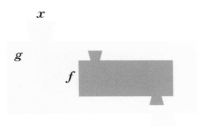

$$(f \circ g)(x) = f(g(x))$$

13   이 부분은 함수와 행렬을 공부한 후 다시 보세요.

이제 행렬의 곱셈이 왜 합성함수인지를 보자.

동현이 : 제가 행렬의 곱셈은 조금 아는데요. 설명해볼게요.

만약에 $\begin{pmatrix} a & b \\ c & d \end{pmatrix}\begin{pmatrix} p & q \\ r & s \end{pmatrix}$와 같은 행렬의 곱셈이 있다고 치면 순서와 방향을 맞춰서 다음과 같이 행과 열들을 곱해줘야 해요. 이게 순서가 틀리면 안 돼요.

① $\begin{pmatrix} a & b \\ \cdot & \cdot \end{pmatrix}\begin{pmatrix} p & \cdot \\ r & \cdot \end{pmatrix} = a \times p + b \times r$

② $\begin{pmatrix} a & b \\ \cdot & \cdot \end{pmatrix}\begin{pmatrix} \cdot & q \\ \cdot & s \end{pmatrix} = a \times q + b \times s$

③ $\begin{pmatrix} \cdot & \cdot \\ c & d \end{pmatrix}\begin{pmatrix} p & \cdot \\ r & \cdot \end{pmatrix} = c \times p + d \times r$

④ $\begin{pmatrix} \cdot & \cdot \\ c & d \end{pmatrix}\begin{pmatrix} \cdot & q \\ \cdot & s \end{pmatrix} = c \times q + d \times s$

- -

⑤ $\begin{pmatrix} a & b \\ c & d \end{pmatrix}\begin{pmatrix} p & q \\ r & s \end{pmatrix} = \begin{pmatrix} a \times p + b \times r & a \times q + b \times s \\ c \times p + d \times r & c \times q + d \times s \end{pmatrix}$

모태솔로 사촌형 : 그렇지, 잘했다. 난 고등학교 때 이거 잘 안 외워져서 고생했었는데……. 그런데 이런 계산방식이 그냥 갑자기 튀어나온 것이 아니라 합성함수의 식으로부터 나온 거야. 내가 이걸 그때 알았더라면 좋았을 텐데…….

다음과 같은 함수를 2개 보자.

$$f(x) = \frac{ax+b}{cx+d} \text{ 와 } g(x) = \frac{px+q}{rx+s} \text{ 를 합성한 함수가 } f(g(x)) \text{라고 한다면,}$$

$$f(g(x)) = \frac{ag(x)+b}{cg(x)+d}$$

$$= \frac{a \times \dfrac{px+q}{rx+s} + b}{c \times \dfrac{px+q}{rx+s} + d}$$

$$= \frac{a(px+q) + b(rx+s)}{c(px+q) + d(rx+s)}$$

$$= \frac{(ap+br)x + (aq+bs)}{(cp+dr)x + (cq+ds)}$$

x가 빠지면 앞의 행렬 ⑤와 똑같아져. 앞의 행렬의 곱은 x를 빼고 식의 계수만을 뽑아낸 것이라고 보면 돼.

불량 아빠 : 연립방정식과 행렬은 행렬식을 통해서 연결되어 있는 결국 은 같은 내용이고 행렬의 곱셈은 복잡한 변수들의 관계를 표현하는 합성 함수를 보다 쉽게 계산하는 방법이라고도 할 수 있어. 방정식과 함수, 그 리고 행렬까지, 이 모두가 같은 줄기로 엮여 있고 단지 다른 방식으로 표 현된다는 것을 기억해둬.

행렬은 고등학교 수학에서는 쉬운 것들만 다루는 편인데 대학교에 가 면 이과가 아니더라도 경영학, 경제학, 사회학, 심지어 정치학에서도 엄 청나게 많이 쓰여. 특히 요즘 같은 빅데이터 시대에는 모든 정보가 행렬 로 기록되고 계산되기 때문에 너희들이 상상하는 것 이상으로 중요해질 거야.

Day 5

고차
방정식

3차 방정식의 해법을 둘러싼 음모와 술수

불량 아빠 : 오늘부터는 고차 방정식의 해법에 대해서 알아볼 건데, 이 얘기를 하려면 온갖 사기와 술수가 난무하던 르네상스 이후의 이탈리아를 설명하지 않을 수가 없구나. 당시에는 수학으로 내기도 하고 먹고사는 사람들도 많았어. 주요 등장인물은 타르탈리아, 피오레, 카르다노 세 명인데 다들 한가닥씩 하는 인물들이야. 자, 들어봐.

우식이 : 오, 왠지 내가 구상하고 있는 소설에 써먹을 수 있을 것 같은데.

불량 아빠 : 그래, 이 사람들이 다들 성격이 특이해서 아이디어가 나올 수도 있겠다.

르네상스 시대를 거치면서 유럽에는 특히 이탈리아를 중심으로 대학들이 생겨나고 학문을 중시하기 시작하는데 그 당시에도 대학들 간의 경쟁이 있었대. 주로 그 학교의 강사나 교수가 얼마나 유명하냐에 따라서 대학의 순위가 정해졌지. 강사나 교수들은 그 당시 대중 앞에서 서로 논쟁을 하면서 실력을 겨루곤 했어. 칼싸움 대신 말로 했던 거지. 물론 칼싸움도 했고. 하여튼 이런 대결에 수학도 한자리를 차지했는데 남들이 모르는 수학기법을 알고 있으면 '너 이거 풀어봐' 해서 풀면 인정해주고 못 풀면 조롱하는 그런 분위기였어.

수학과 관련해서는 당시 유럽 사람들이 2차 방정식 해법은 아랍지역을 통해서 대부분 알고 있었고 3차, 4차 등 고차 방정식의 해법에 특히 관심이 많았었지. 사실 3차 방정식의 해법은 페르시아의 카이얌(Omar Khayyam)이 기하학적으로 접근해서 단초를 제공했는데 해법이 풀리지는 못했어. 카이얌은 기하학과 대수학을 결합시킨 해석기하를 데카르트와 페르마 이전에 이미 만들어내고 그리스의 유클리드 기하학을 더욱 발전시킨 인물인데 서양인들이 카이얌의 업적을 1850년쯤 너무 늦게 아는 바람에 수학의 발전에 큰 도움이 되지는 못했어.

고차 방정식부터는 수학 발전의 대부분이 유럽을 중심으로 이뤄져. 그러니 당시 이탈리아로 가보자. 우선 등장하는 주요 인물은 바로 사기꾼 지롤라모 카르다노(Gerolamo 또는 Girolamo Cardano)와 말더듬이 니콜로 타르탈리아(Nicolo Tartaglia)야. 타르탈리아가 바로 이탈리아어로 말더듬이라는 뜻인데 그는 이탈리아 브레시아(Brescia) 지역에서 태어났어. 어렸을 때 프랑스군이 들이닥쳐서 턱 부위를 칼로 찔린 후 말더듬이가 되었다고 해. 어렸을 때는 엄마가 유명한 선생님을 고용해서 라틴어를 가르쳤는데 배우다가 돈이 떨어져서 얼마 못 배웠대. 타르탈리아는 선생님의 강의노트를 몰래 훔쳐서 독학을 했지. 자, 내 강의노트는 여기 있다. 마음껏 가져가서 공부하렴.

둘다 : (피식)

불량 아빠 : 그런데 노트를 잘못 훔쳤는지 그의 라틴어 실력은 시원찮았고, 타르탈리아의 책들은 당시 귀족들이 쓰는 라틴어가 아니라 이탈리아어로 쓰이게 돼. 조선시대에도 한글은 일반백성들이 쓰고 양반은 한문을 썼다더니 어디 가나 사는 건 비슷하지? 타르탈리아는 나중에 성인이 되어서는 베니스에 살면서 대중토론이나 강의를 하며 먹고살았어.

비슷한 시기인 1526년 볼로냐 대학 스키피오네 델 페로(Scipione del Ferro) 교수가 자신의 제자인 안토니오 마리아 피오레(Antonio Maria Fiore)에게 수학 해법을 하나 넘겨주고 세상을 떠나. 그는 1510년 $ax+bx^3=n$ 같은 형태의 3차 방정식의 해법을 발견해서 알고 있었거든. 그러나 피오레는 재능이 부족해서 비법을 받고도 내용을 잘 이해하지 못했지. 욕심은 많아서 대충 보고 이해한 거라 생각하고 이걸로 돈 벌 궁리만 하고 있었어. 그즈음 타르탈리아가 친구 다코이(Zuanne de Tonini da Coi)에게 자신이 3차 방정식을 풀어봤다고 말한 것이 피오레의 귀에도 들어왔지.

이 말을 들은 피오레는 타르탈리아가 허풍을 떠는 것이라고 판단하고 내기를 하자고 했어. 30문제를 서로 내서 풀어내는 것으로 하고 지는 사람은 파티를 30회 주최하는 비용을 대라는 것이었지. 한마디로 친구들 불러놓고 술 30번 내기 결투를 한 거지. 타르탈리아는 처음에 '듣보잡'인 피오레와의 수학결투라서 준비도 하지 않고 있었는데 나중에 누군가가 피오레가 죽은 교수에게 받은 비법을 알고 있다고 귀뜸을 해준 후에는 걱정이 되어서 머리를 싸매고 연구를 하게 되고 결국 $ax+bx^3=n$과 같은 형식의 방정식뿐 아니라 $ax^2+bx^3=n$, $ax+n=bx^3$ 같은 방정식의 해법도 구해내게 돼.

이때 타르탈리아는 복소수 형식(복소수는 내일 배울 거야) 없이 풀 수 있는 모든 3차 방정식의 해법을 발견해낸 것으로 전해지는데 결국 밀라노 대성당에서 벌어진 결투에서 타르탈리아는 피오레가 낸 30문제를 다 풀었던 반면 피오레는 한 문제도 풀지 못했다고 해. 나중에 피오레가 패배에 대한 배상금을 내려 하자, "저 불쌍한 루저와 얼굴을 맞대고 30번이나 술을 마시는 건 내 스타일이 아니다"라며 허세를 부렸대. 그 사건 이후 타르탈리아는 유명해졌고 아주 기고만장해졌어.

그런데 뛰는 놈 위에 나는 놈 있다는 게 바로 맞는 것이, 그렇게 승승장구하던 타르탈리아는 그 후 카르다노에게 제대로 당하게 돼. 저 바닥은 겸손해야 롱런하는데 그걸 못한 거지. 오레(Oystein Ore)라는 역사학자는 타르탈리아가 카르다노에게 걸려드는 과정을 낚시 고수에게 걸려든 물고기 같았다고 표현할 정도로 비참하게 당했지. 어떤 사람들은 카르다노가 정치공작의 대가였던 마키아벨리(Machiavelli)와 같은 시대에 살고 영향을 받아서 음흉하고 사기를 잘 친다고도 말하기도 했었어.[14]

---

14   Frank J. Swetz (editor), *The European Mathematical Awakening*, 61쪽.

우선 카르다노라는 인물에 대해 조금 알고 가자. 카르다노는 1501년에 이탈리아 파비아(Pavia)라는 곳에서 태어났는데 일생의 대부분을 밀라노에서 보냈어. 아버지는 파지오 카르다노(Fazio Cardano)였는데 그 역시 수학실력이 뛰어나서 레오나르도 다빈치가 파지오 카르다노에게 수학을 물어보곤 했었대. 다만 지롤라모의 어머니가 당시 천한 계층이라고 하여 바로 결혼을 하지 못하고 따로 살다가 결혼을 했고 자주 무시당했다고 해. 이렇게 태어난 지롤라모 카르다노, 이 사람이 아주 인물인데 131권의 책을 썼고, 직업도 여러 가지여서 변호사, 작가, 의사, 발명가, 도박꾼, 점쟁이, 검객, 수학자 등 안 한 게 없어. 일부에서는 셰익스피어가 이 사람이 쓴 『콘솔레이션*Consolation*』이라는 책에서 『햄릿』의 아이디어를 얻었다는 주장도 있어.

그는 한마디로 허풍이 심한 성격이었는데 술만 마시면 항상 자기가 젊었을 땐 칼을 가진 상대를 맨손으로 제압해 칼을 빼앗았다며 떠벌리고 다녔대.

카르다노는 파비아 대학을 다니다가 프랑스와 스페인의 전쟁으로 학교를 파도바 대학으로 옮기는데 그 후 바로 아버지가 죽게 되어 학비는 도박을 해서 번 돈으로 냈다고 해. 25세에 대학을 졸업한 카르다노의 첫 직업은 의사였는데 지금 보면 말도 안 되는 민간요법들이지만 이들을 정리해놓은 책을 쓰는 등 카르다노는 나름 저명인사로 통하고 있었어. 의사가 당시엔 지금처럼 대접받는 직업은 아니었지만 그래도 스코틀랜드의 존 해밀턴(John Hamilton) 추기경을 치료해서 살렸다는 소문이 퍼지면서 유럽에서 두 번째 가는 의사라는 평가를 들었지. 의사이면서도 여전히 점술과 도박에 심취해서 사실 소득의 대부분은 도박에서 나왔대. 또 런던에 가서는 당시 소년이었던 에드워드 6세가 장수할 것이라고 점괘를 봐줬는데 몇 달 후에 죽어버려서 곤경에 처하기도 했지. 못하는 게 없던 카르다노는 마차에 들어가는 서스펜션을 발명하기도 했어. 아직도 자동차에 쓰이는 만능 조인트는 그의 이름을 따서 프랑스에서는 카르당(cardan)으로, 독일에서는 카르단겔렌크(Kardangelenk)라고 부른다고 해. 내가 자동차 정비소에 가서 물어보니 우리나라에서도 까단 조인트라고 부른다더만.

카르다노는 겉으로는 화려한 인생을 살았지만 가정은 화목하지 않았어. 1546년에는 아내가 죽었는데도 책을 쓴다며 신경 쓰지도 않았다고 하지. 또 아들이 자기 집에 들어와 강도짓을 하는가 하면, 그 아들이 자신의 부인, 그러니까 카르다노의 며느리를 케이크에 청산가리를 넣어서 독살했다고 해. 카르다노는 그래도 아버지로서 아들을 구하기 위해 최고의 변호사를 고용하고 자신이 알고 있는 모든 권력자들과 귀족들에게 청원의 편지를 썼지만 결국 아들은 사형당했어.

말년에는 정신이 오락가락했던 건지 로마 네로 황제를 칭송하다가 이단이라는 판결을 받고 감옥에 가기도 했어. 워낙 유명한 인물이어서 투옥기간은 3개월뿐이었지만 그 후 대중강의나 저술 활동을 하지 못하게 됐어. 젊을 때 나쁜 짓을 많이 해서 그런지 말년이 불행했지. 얼마 안 가 1576년 로마에서 파란만장한 일생을 마쳤다고 해.

다시 돌아와서, 카르다노는 『위대한 기법*Ars magna*』이라는 책을 썼는데 그의 성격을 그대로 보여주지? 자기가 쓴 책을 위대하다잖아. 책의 서문에는 "내가 5년 만에 쓴 책이지만 그 내용은 수천 년간 지속될지어다"라고 쓰고 있어. 자화자찬이긴 하지만 이 책이 훌륭한 건 사실이야. 그때까지 유럽인들이 알고 있던 대수학의 이론들을 다 모아놓았고 거기서 나아가 3차 방정식의 해법을 제시해주거든.

그러는 과정에서 후에 복소수의 개념이 나오게 하지. 『위대한 기법』은 이제 유럽도 다른 문화권 못지 않은 수학실력을 갖추게 된 것을 널리 알려준 책이라 할 수 있어. 그런데 이 책을 쓰는 과정에서 카르다노는 타르탈리아에게 사기를 쳐서 지식을 가로채고 자기 것이라고 세상 사람들에게 알렸어. 카르다노가 사기꾼으로 악명을 떨치게 되는 사례라고 할 수 있지. 한번 보자.

카르다노는 이미 이 책을 쓰기 시작한 상태에서 타르탈리아가 피오레를 이긴 소식을 친구 다코이를 통해 듣게 돼. 카르다노는 3차 방정식의 해법도 책에 포함할 계획을 세웠고 타르탈

타르탈리아(1499~1557)
카르다노(1501~1576)
이탈리아 르네상스 시기의 두 수학자. 3차 방정식의 해법을 세운 것은 타르탈리아(위)였으나, 그 해법을 세상에 알린 것은 카르다노(아래)였다. 카르다노는 도박에서 이기는 법을 연구하여 확률론의 기초를 닦은 인물로 유명하다.

리아에게 비법을 빼내려 했어. 카르다노는 1539년 수차례의 편지를 보내서 감언이설로 타르탈리아의 믿음을 얻어갔는데 결정타로 당시 이탈리아의 최고 권력자였던 알폰소 다발로스(Alfonso d'Avalos) 대감에게 자기가 잘 얘기를 해서 좋은 자리를 알아봐준다고 했지.

모태솔로 사촌형 : 옛날이나 지금이나 인사청탁은 잘 먹히는구나.

불량 아빠 : 타르탈리아는 거기에 속아서 밀라노에 있는 카르다노의 집을 방문했어. 카르다노가 미리 알았는지는 알 수 없지만 다발로스는 그때 해외출장 중이었어. 결국 사기꾼 카르다노를 직접 대면하게 된 타르탈리아는 카르다노의 사기에 넘어가서 비법을 알려주게 되었지. 하지만 증명 방법은 가르쳐주지 않았고 자신이 쓰고 있는 책을 완성할 때까지 비밀을 지켜달라고 부탁했어.

모태솔로 사촌형 : 순진도 하여라.

불량 아빠 : 그 후 베니스로 돌아온 타르탈리아는 속았다는 걸 알았는지 카르다노가 여러 차례 편지를 보내 추가 질문을 한 내용에 답신을 하지 않았어. 하지만 그러면 뭐하나, 기본적으로 수학실력을 갖추고 있던 카르다노가 핵심적인 것은 이미 다 알아버렸으니. 결국 1545년 카르다노는 『위대한 기법』에 타르탈리아의 비법을 다 포함시켜서 출간을 해버려. 그후 화가 난 타르탈리아가 소송도 하고 협박도 했지만 별 소용이 없었고 타르탈리아는 1557년 세상을 떠나. 카르다노가 그래도 양심은 있었는지 3차 방정식의 해법을 구한 사람은 원래 델 페로 교수였고 타르탈리아가 같은 내용을 나중에 독자적으로 발견한 것이라고 밝히기는 해. 이미 자신이 모든 명성을 얻은 후였지만.

3차 방정식의 해법

불량 아빠 : 이제 카르다노가 밝힌 3차식의 해법을 한번 볼까? 언제나 그렇듯이 이 아빠는 인기관리를 위해서 재밌고 쉬운 것만 설명하고, 어렵고 복잡한 건 우리 사촌형이. 열심히들 해.

참고로 여기서 볼 3차 방정식의 해법은 고등학교 수준에서는 나오지 않아. 고등학교 문제에 나오는 3차 방정식들은 인수분해로 해결되는 것들이야. 여기서는 다항식을 다루는 연습을 한다는 의미로 설명을 따라오기만 하면 돼.

하지만 3차 방정식의 해법이 나오면서 내일 배울 허수가 등장하기 때문에 그냥 넘어가면 안 되는 부분이야.

모태솔로 사촌형 : 3차식의 해법을 구하기 위해서 카르다노는 우선 $x^3 + mx = n$, $m > 0$, $n > 0$이라는 식을 세우고 당시에 이미 알려진 곱셈공식

$(p-q)^3+3pq(p-q)=p^3-q^3$을 도출했어. 카르다노는 직접 도형의 그림을 그려서 식을 생각해냈는데, 좀 더 복잡한 곱셈공식을 본다고 생각하면 쉬워. 3차식이니 3차원 입체공간이 될 뿐인 거야. 어디 한번 보자.[15] 얼핏 보기에는 복잡해 보이지만…… 실제로 봐도 복잡해. 사실 엄청 복잡해. 그러니 정신 차리고 잘 보자. 2차 방정식을 다룰 때는 그림이 평면이었는데 3차 방정식이 되니 3차원 입체공간을 이용한다는 점이 흥미롭지? 아~ 또 흥분되는구나.

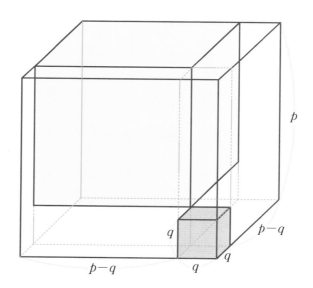

카르다노는 모서리의 길이가 p인 정육면체를 그리고 이걸 위의 그림과 같이 작은 직육면체들로 나눴어. 위의 그림을 보면 다음과 같이 나눠

---

15   William Dunham, *Journey through Genius*, 143쪽.

져 있어. 앞쪽 오른쪽의 정육면체 $[q^3]$ 1개, 뒤쪽에 박혀 있는 큰 정육면체 $[(p-q)^3]$ 1개, 정면과 오른쪽 면에 위치한 직육면체 $[pq(p-q)^2]$ 2개, 또 작은 정육면체의 위에 얹어 세워진 길쭉한 직육면체 $[q^2(p-q)]$ 1개, 마지막으로 큰 정육면체 밑에 깔린 직육면체 $[q(p-q)^2]$ 1개.

도형들을 다 더해서 식으로 나타내면,

$$p^3 = q^3 + (p-q)^3 + 2pq(p-q) + q^2(p-q) + q(p-q)^2$$

다시 잘 정리하면,

$$(p-q)^3 + 2pq(p-q) + q^2(p-q) + q(p-q)^2 = p^3 - q^3$$

또 정리하면,

$$(p-q)^3 + (p-q)\{2pq + q^2 + q(p-q)\} = p^3 - q^3$$

{ } 안의 내용을 정리하면 다 없어지고 아래와 같이 돼.

$$(p-q)^3 + 3pq(p-q) = p^3 - q^3$$

이제 절반쯤 왔다. 힘내자. $x = (p-q)$이고 $m = 3pq$, $n = p^3 - q^3$이라고 놓아보자. 그러면 이제 다음과 같이 식을 변형시킬 수 있어.

$$p = \frac{m}{3q} \text{ 그리고 } n = \left(\frac{m}{3q}\right)^3 - q^3$$

이것들을 정리하면 $27(q^3)^2 + 27nq^3 - m^3 = 0$이 나오게 되지. 이제는 근의 공식을 조금 변형한 복이차식이라는 걸 사용해보자. 복이차식이 뭔지는 그냥 보면 알아.

$$q^3 = \frac{-n \pm \sqrt{n^2 + \dfrac{4m^3}{27}}}{2}$$ 이므로 $q = \sqrt[3]{-\dfrac{n}{2} + \sqrt{\dfrac{n^2}{4} + \dfrac{m^3}{27}}}$ 이 되는 거지.

같은 방식으로 p를 구하면

$$p = \sqrt[3]{\dfrac{n}{2} + \sqrt{\dfrac{n^2}{4} + \dfrac{m^3}{27}}}$$

을 구할 수 있어. p와 q를 구했으니 이제 다 한 거야.

$$x = p - q = \sqrt[3]{\dfrac{n}{2} + \sqrt{\dfrac{n^2}{4} + \dfrac{m^3}{27}}} - \sqrt[3]{-\dfrac{n}{2} + \sqrt{\dfrac{n^2}{4} + \dfrac{m^3}{27}}}$$ 이 나오고 이

것이 답이야.

어때 잘 따라왔냐? 조금 길지만 계산이 어렵거나 한 것은 없어. 카르다노(사실은 타르탈리아)는 복잡했던 3차식을 줄여서 우리가 익숙한 2차식의 형태로 차원을 줄여냄으로써 답을 찾을 수 있었던 건데, 카르다노는 자신의 책에서 $x^3 + 6x = 20$을 예로 들어서 답을 찾아 보였어. 공식을 적용해보면 답은 아래와 같을 거야.

$$x = \sqrt[3]{10 + \sqrt{108}} - \sqrt[3]{-10 + \sqrt{108}}$$

이걸 계산해보면 $x = 2$가 나오고.

실제로 카르다노의 책에는 이런 형식 말고 $x^3 = mx + n$, $x^3 + n = mx$ 등 여러 형태의 문제에 대해서도 설명하는데 이런 해법은 음수를 받아들이지 않았던 당시 시대에 음수를 피하기 위한 방편이었어. 지금 수준에서 보면 다 같은 문제야.

사실 이것보다 심각한 문제는 따로 있었어.[16] $x^3-15x=4$를 카르다노의 공식을 이용해 풀어보면 답은,

$$x=\sqrt[3]{2+\sqrt{-121}}-\sqrt[3]{-2+\sqrt{-121}}$$

$x=4, x=-2\pm\sqrt{3}$ 으로 3개가 나오는데 위의 식을 도대체 어떻게 해석해야 할지 당시 사람들은 몰랐어. 카르다노는 이런 사실을 발견하고서 지극히 카르다노다운 설명을 했어. "이런 하찮은 것은 중요하지 않다"라고. 살다보면 이런 사람 꼭 있지. 자기가 모르는 것은 중요하지 않다고 하는.

불량 아빠 : 그런데 허수라고 불리는 이게 하찮은 것이 아니라 엄청나게 중요한 거였어. 봄벨리(Rafael Bombelli)가 1572년에 이 문제를 심각하게 다뤄서 다시 관심을 받았지만 실제로는 18세기 중반에 가서야 사람들이 허수와 복소수에 대해 어느 정도 감을 잡게 되었어.

너희들이 아쉬워하는 건 알겠지만 허수와 복소수는 내일 설명하기로 하고 이제 놀러 나가자. 오늘의 배경이 이탈리아였으니 피자집으로!

---

16   William Dunham, *Journey through Genius*, 149쪽.

Day 6

허수와
복소수

허수

우식이 : 허수는 도대체 뭔가 옛날부터 궁금했었는데, 그러니까 3차 방정식의 답을 구할 때만 허수가 나온다 이거지?

불량 아빠 : 3차 방정식을 풀면서 그 존재를 알게 된 것은 맞는데, 꼭 3차 방정식에만 나오는 것은 아니야. 2차 방정식에도 허수가 근이 되는 경우가 있어. 판별식 설명할 때 잠깐 얘기했었는데 허수는 생각보다 심오해.

허수(imaginary number)와 음수(minus), 그리고 영(zero)은 모두 상상 속

의 수라고 하는데 오랫동안 수학자들을 괴롭히고 좌절시켰던 개념이야. 직관적으로 눈에 보이는 현상이 아니니까. 사실은 허수의 개념보다 음수나 영(0)이 더 와닿지 않던 개념인데 심지어 칸트(Immanuel Kant) 같은 대철학자도 음수 개념에 대해 "더 이상 형이상학적으로 따지지 말고 (넘어가자)"라고 했지.[17] 음수나 허수는 철학적으로 생각해보면 너무 어려워. 고등학교 수학을 제대로 아는 것이 목적이라면 당장은 그냥 수학적인 도구라고 생각하는 것이 오히려 편해.

집합에서 드모르간 법칙으로 우리가 이름을 들어본 수학자 드모르간은 음수와 허수를 같은 것이라고 보고 그 현실적인 유용성에 대해서 아래와 같은 예[18]를 들어 설명해.

"아버지의 나이가 56세, 아들의 나이가 29세라고 하자. 아버지의 나이가 아들의 나이의 두 배가 되는 때는 언제인가? 이것을 식으로 풀어보면 $56+x=2(29+x)$가 되어 $x=-2$가 나온다. 여기서 음수는 우리가 도출한 식의 문제점을 고쳐줄 수 있다. 이런 경우 $x=-x$로 놓으면 $56-x=2(29-x)$가 되어 $x=2$가 되어 2년 전에 아버지의 나이가 2배였다는 것을 알려주니까."

"… 그리고 $\sqrt{-a}$ 도 마찬가지로 아무 의미도 없고 모순적이지만 현실적인 문제를 해결하는 역할을 한다."

---

17   Alex Bellos, *The Grapes of Math*, 172쪽.
18   Morris Kline, *Mathematics: The Loss of Certainty*, 186쪽.

음수는 $x+a=0$인 방정식의 답을 찾
으려는 과정에서, 허수는 $x^2+a=0$인 경
우의 문제를 해결하려는 과정에서 나온
것으로 보고 둘 다 방정식을 다루기 위한
도구라고 해석하면 돼.

최초로 허수의 개념을 책으로 써서 소
개한 사람은 어제 다뤘던 카르다노였어.
1545년에 발표한 『위대한 기법』이란 책
에서 그는 더하면 10이 되고 곱하면 40
이 되는 두 개의 수를 구하고자 했어. 수
식으로는 $x(10-x)=40$이지. $5+\sqrt{-15}$
와 $5-\sqrt{-15}$ 가 답으로 나왔는데 카르다노는 고민하다가 그냥 평범한 다
른 수처럼 취급했더니 원하는 답을 얻을 수 있었어. 이 발견을 1579년 봄
벨리(Rafael Bombelli)가 이어받아서 허수도 일반적인 수처럼 계산하면 된
다고 제안했어.

본격적으로 허수가 수학자들의 관심을 받은 건 데카르트가 1637년 '허
수(imaginary number)'라고 이름을 짓고 나중에 오일러(Leonhard Euler)가
그동안 $\sqrt{-1}$ 이라 표시되던 허수에 i라는 수학기호를 만들어주면서라고
할 수 있지. 일반적으로 $\sqrt{-n}=\sqrt{n}\,i$로 표시되었어.

참고로 실수와 허수가 곱해진 수, 예를 들면 $3.5i$,
$4i$ 이런 수들은 허수로 분류돼. 그 후 수학자들은 실
수와 허수를 더한 $x+yi$ 형태의 복소수를 사용하게
되는데 1799년 22세의 가우스(Carl Friedrich Gauss)가

허수단위(i)
: 제곱하여 −1이 되는 수
$i=\sqrt{-1}$
$i^2=-1$

복소수를 통해 모든 방정식(다항식)의 답을 얻을 수 있다는 대수학의 기본정리를 발표하기도 해.

복소평면과 복소수의 연산

불량 아빠 : 원래 수학자들이 음수를 쉽게 이해하고 사용하기 시작한 것도 (모든 수학자가 그랬던 건 아니지만) 월리스(John Wallis)가 1685년 자신의 책 『대수론*A Treatise of Algebra*』에서 음수와 양수를 그림으로 그려서 설명하면서였는데[19] 허수도 같은 과정을 거쳐서 서서히 수학자들이 친근하게 사용하기 시작해. 바로 '**복소평면**(complex plane) 또는 **가우스 복소평면**'이라는 것이 나오면서 사람들이 복소수를 숫자체계의 일부로 받아들이게 된 거지.

복소평면은 노르웨이인인 베셀(Caspar Wessel)이 1797년에, 프랑스인인 아르강(Jean Robert Argand)이 1806년에 소개한 것으로 기록되어 있는데 이를 통해서 숫자에 대한 기하학적 설명이 가능해진 거야. 복소평면이 거창한 게 아니고 우리가 알던 좌표축을 다음 그림과 같이 Y축은 허수축으로 X축은 실수축으로 변경해서 사용하는 거야.

어떤 수학자들은 데카르트가 허수라는 이름으로 표현하는 바람에 수학자들이 지레 겁을 먹고 연구하지 않아서 복소수의 응용과 발전이 늦었다고 한탄하기도 했어. 데카르트가 좀 더 멋있는 이름을 지어줬으면 수학과 과학에서 더 일찍 허수를 썼을 것이라는 거지. 수학도 결국 사람들이

---

[19]　그 후 데카르트가 좌표평면을 소개하면서 수학을 하는 사람들이 더 이상 음수를 무시할 수 없게 되었습니다.

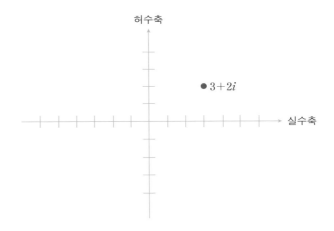

만든 것이라 이렇게 사소한 것에 의해서 왔다 갔다 하기도 해.

우식이 : 그러면 허수는 음수야, 양수야?

불량 아빠 : 좋은 질문이다. 음수나 허수가 흥미로운 것은 두 경우 모두 눈에 보이는 문제, 즉 땅의 넓이나 어떤 물건의 부피를 재거나 상업 거래를 기록하기 위한 계산 과정에서 나온 것인데, 특이하게도 이 문제를 풀려면 눈에 보이지 않는 상상의 장치(음수, 허수)를 사용해야 한다는 점이야. 음수나 허수 모두 현실의 문제를 해결해주는 중요한 개념이지만 현실에 존재하는 것이 아니라 인간의 머릿속에만 존재한다, 이 얘기야.

아~ 질문에 대한 대답을 해줘야지. 허수는 음수도 양수도 아닌 어느 것에도 해당하지 않는 수야. 사실 허수는 크기를 비교할 수도 없는 수야. 허수가 양수거나 음수이면 수학적인 모순이 생기거든. 봐봐. 허수가 양수라고 치면, $i>0$의 양변에 i를 곱한 값이 뭐가 되니?

동현이 : 어, 그러네요. $i \times i = -1$이니 $-1 > 0$이 돼버리는데요. 그럼 음수 아닌가요?

불량 아빠 : 아니지. 이 경우에도 결국은 안 돼. $i < 0$이라고 했으니 i는 음수라고 가정했잖아. 음수를 곱할 때 부등호가 바뀌는 건 알고 있겠지? 결국 또 $-1 > 0$이 나와버려. 이렇게 허수는 음수도 양수도 아니기 때문에 크기를 비교할 수도 없는 수야. 한마디로 다른 수들과 노는 물이 다른 수라고 할 수 있지.

복소수에서는 조금 다른 방식이지만 허수가 음수와 양수를 왔다 갔다 하면서 과학에서 아주 유용하게 쓰여. 허수는 입자물리학, 레이더 관측 등에서 유용하고 특히 그 유명한 슈뢰딩거의 파동방정식에도 허수가 들어가. 상상 속의 수인 허수를 통해서 실제 자연의 법칙을 설명한다니 신기하지 않니? 파동방정식에서 허수를 쓴 이유는 전자들이 특정장소에서 발견될 확률은 상황에 따라서 확률이 높아졌다가 낮아졌다가 하는데 이를 표현할 때 실수보다는 허수가 적합했기 때문이야. 허수를 복소평면에서 곱할 때마다 각도에 따라 양수가 되기도 하고 음수가 되기도 한다는 점을 이용한 거지.

우식이 : 그것도 고등학교 때 공부해야 되는 거야?

불량 아빠 : 다행히 그건 아냐. 슈뢰딩거에 대해서는 이과계열로 간다면 나중에 대학에 가서 배우게 되겠지. 문과계열이라면 찾아서 강의를 듣지 않는 한 안 배울 테고. 그래도 허수가 복소평면에서 음수와 양수로 왔다

갔다 하는 과정은 확실히 이해해둬야 해.

자, $x^2=9$를 보자. $1 \times x^2 = 1 \times 9$라고 양변에 같이 1을 곱해주고 다시 써보자. $1 \times x^2 = 9$. 이제 이런 식으로 질문해볼 수도 있겠지. "도대체 x^2이 뭐하는 놈이기에 1이 9로 변한 거냐?"라고.

물론 답은 x를 3 또는 -3이라 하고 두 번 사용했기 때문이라고 답할 수 있겠지. 그럼 $1 \times x^2 = -1$도 같은 식으로 설명할 수 있을까? 아니야. 여기에는 같은 방식이 통하지 않아. 어떻게 해도 양수가 나와버리잖아. 이걸 설명하기 위해서는 사고의 전환이 필요한데(이걸 만든 옛날 사람도 이렇게 똑같이 고민하다가 이런 답을 찾은 거야), x를 복소수 평면상에서 90도 각도로 (시계반대 방향으로) 돌린 거라고 해석하면 어떨까? x^2이니 두 번 시계반대 방향으로 돌리면 180도 돌린 것이고 답은 -1이 되겠지. i를 곱한다는 건 시계반대 방향으로 90도 돌린 거로, $-i$를 곱한 건 시계방향으로 90도 돌린 거라고 보는 거야.

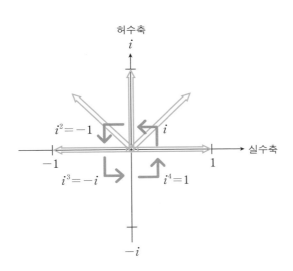

앞으로 고등학교 수학에서 허수가 나오면 이 그림을 떠올리고 그냥 여느 숫자들처럼 다뤄주면 돼.(135쪽 그림) 다른 점이 없어.

불량 아빠 : 그런데 오늘 사촌형이 너무 조용하네. 할 말 없어?

모태솔로 사촌형 : 허수와 관련해서 재밌는 문제[20]를 한번 풀어보자. $x=\sqrt{\sqrt{-1}}$ 의 답은 뭘까?

우식이 : 일단 $\sqrt{-1}$ 이 나왔으니 제곱을 해준다! 제곱을 해서 놓고 풀어보면 $x^2=\sqrt{-1}$ 이고 결국 $x^2=i$ 가 되는구만. 어, 근데 x는 어떻게 구하지?

모태솔로 사촌형 : 어렵지? 그 정도면 아주 잘한 거야. 이 문제의 답은 $x=\frac{1}{\sqrt{2}}+\left(\frac{1}{\sqrt{2}}\right)i$ 야. 답이 어떻게 나왔는지 여기서 증명하는 것은 고등학교 수준을 넘어서니 생략하고, 일단 이것이 답이라고 믿고 내 말을 들어봐. 그럼 $(a+b)^2=a^2+2ab+b^2$ 과 마찬가지로 $x^2=\left(\left(\frac{1}{\sqrt{2}}\right)+\frac{1}{\sqrt{2}}i\right)^2=\left(\frac{1}{\sqrt{2}}\right)^2+\left(2\times\frac{1}{\sqrt{2}}\times\frac{1}{\sqrt{2}}i\right)+\left(\frac{1}{\sqrt{2}}i\right)^2=\frac{1}{2}+i+\left(-\frac{1}{2}\right)=i$ 가 되는 걸 알 수 있지. 허수는 음수도 양수도 아니지만 이렇게 우리가 알던 다른 수와 전혀 다를 것이 없다고 보자. 그러면 며칠 전에 배운 곱셈공식도 응용할 수 있어.

우리가 고등학교에서 공부해야 할 복소수의 사칙연산은 아까 말했던 봄벨리가 만들어놨어. 내용은 다음과 같아.

---

20   Alex Bellos, *The Grapes of Math*, 178쪽.

- $(a+bi)+(c+di)=(a+c)+(b+d)i$

- $(a+bi)-(c+di)=(a-c)+(b-d)i$

- $(a+bi)\times(c+di)=(ac-bd)+(ad+bc)i$

- $\dfrac{a+bi}{c+di}=\dfrac{(a+bi)(c-di)}{(c+di)(c-di)}=\dfrac{ac+bd}{c^2+d^2}+\dfrac{bc+ad}{c^2+d^2}$

마지막의 나눗셈에서 분모를 제곱형태로 만들어주는 걸 보면 복소수도 다항식의 일종이라는 생각이 들 거야.

사실 봄벨리는 엄밀하게 증명해서 이런 식을 만든 것이 아녔어. 복소수의 연산도 우리가 아는 수들과 다르지 않을 거라 예상하고 만든 것인데 그 후에 엄밀하게 따져봐도 맞았던 거야.

Day 7

평면좌표와 도형,
그리고
2차 곡선

불량 아빠 : 오늘은 평면좌표와 도형에 대해서 알아보자. 우리가 고등학교에서 배우는 평면좌표는 '직교좌표', 혹은 데카르트의 이름을 따 '카테시안 평면(Cartesian Plane)'이라고도 부른단다. 그런데 사실 데카르트뿐 아니라 페르마(Pierre de Fermat) 역시 비슷한 시기에 평면좌표의 개념을 만들어냈고, 그 시대 많은 수학자들이 좌표평면에 대한 생각을 가지고 있었어. 1637년 가장 먼저 평면좌표를 공식적으로 발표했던 데카르트에게 그 영광이 갔을 뿐 누구라도 만들었을 상황이었지.

우식이 : 평면좌표는 그나마 좀 쉬운 것 같아. 도형을 바둑판 같은 그림

위에 그려서 좌표를 찍어주고 또 거기에 맞게 계산도 해주고, 피타고라스 정리 비슷한 것도 나와서 두 점 사이의 거리를 재고. 다른 단원도 이 정도 수준이면 좋은데 말이야.

불량 아빠 ⋮ 그렇지. 평면좌표는 이해하기도 쉽고 재밌어. 그런데 문제는 보통 고등학교에서 접하는 문제들이 평면좌표만을 다루는 것이 아니라 평면좌표를 이용해서 2차 방정식, 도형, 삼각함수까지 짬뽕이 된 종합문제라는 거야. 평면좌표는 그 기본이 될 뿐이고.

그래도 평면좌표의 발견은 우리 인류의 능력을 한 단계 끌어올린 기념비적인 문화유산이야. 우선 데카르트와 페르마라는 사람에 대해 알아보자. 두 사람은 성격이나 연구 스타일이 물과 기름처럼 서로 달랐어.

페르마와 데카르트

불량 아빠 ⋮ 페르마부터 뒷조사를 해보자. 페르마는 1601년 프랑스에서 태어났는데 조용한 성격의 그는 툴루즈 대학을 나온 법률가 출신이었어. 30세가 되던 1631년 결혼을 해서 아들 셋, 딸 둘을 낳았다는군. 같은 해에 툴루즈의 시의원이 되었고 죽을 때까지 직책을 유지했대. 페르마는 아주 성실하게 업무를 수행해서 동네 성실남으로 통했다고 하더군. 수학은 나머지 쉬는 시간에 취미로만 했대.

페르마는 기하학을 대수적으로 표현하는 것에 관심이 많아서 평면좌표를 만들었는데 평면좌표를 연구하면서 미적분의 기초가 되는 변화율 개념, 함수의 최대·최소 등도 연구했어. 페르마는 고전을 좋아해서 내가 며칠 전 소개했던 비에트의 책과 노트를 열심히 공부했다고도 하고, 고대 그리스 디오판토스의 책을 보고 그 유명한 페르마의 마지막 정리를 남겼다고 해.

한편 데카르트는 페르마의 존재를 잘 알고 있었지만 조금 무시하면서 이름으로 부르지 않고 요즘으로 치면 "툴루즈에서 변호사 하는 그 친구" 이런 식으로 부르곤 했대.

동현이 : 수학적인 업적을 남긴 것 외에는 조용히 살았군요. 조용히 자기 일만 열심히 하는 범생이 스타일이에요.

페르마(1601~1665)
데카르트(1596~1650)
17세기, 페르마(위)와 데카르트(아래)는 해석기하학을 만들었다. 좌표기하학의 탄생은 대수와 기하학을 통합한 수학계의 혁명적 사건이었다.

불량 아빠 : 그렇지, 이제 이야기할 데카르트는 아주 달라. 돈 많은 귀족에 모험가이면서 무술에 능한 군인이었거든. 또 자신의 무용담을 꼼꼼히 기록한 덕분에 내가 해줄 얘기도 많아.

데카르트는 1596년생으로 아버지 조아생 데카르트(Joachim Descartes)가 프랑스 왕의 자문인이었고 비옥한 땅을 크게 소유한 땅부자였대. 그러나 귀족의 안락한 삶을 마다하고 오랜 시간 유럽 각지를 떠돌며 살았어.

데카르트가 어렸을 때는 몸이 허약해서 다른 아이들과 달리 늦게 일어나고 침대에 누워 있는 시간이 많았다는데 침대에 누워서 이것저것 공상을 하다가 수학을 배웠다고 해. 데카르트는 차츰 커가면서 병이 호전되고 힘도 세져서 운동을 하고 특히 펜싱을 즐겼다고 해. 대학에 들어가서는 주로 그리스 수학과 기하학을 공부했어. 대학에서 훗날 메르센 소수로 유명해진 메르센(Marin Mersenne)을 만나서 평생지기가 되는데 데카르트가 수학과 관련하여 다른 수학자들과 대화를 할 때는 주로 메르센을 통해서 간접적으로 편지를 주고받았다고 해.

데카르트는 대학을 졸업한 후 파리로 가게 되는데 수학에도 관심이 있었지만 파리라는 대도시의 유흥생활과 술, 여자에 빠져서 방탕한 생활을 하기도 했대. 22살이 되던 1618년 데카르트는 세상의 이곳저곳을 여행해 보고 싶은 마음에 군대에 입대해. 당시만 해도 여행이 흔치 않았던 시대라 세상을 탐험하는 방편으로 군인이 되려고 했던 거야. 그래서 네덜란드의 독립을 위해 오렌지공(Prince of Orange)이 이끄는 군대에 용병으로 가담해. 당시 네덜란드는 스페인의 지배를 받고 있었거든.

오렌지공에게 금화를 받는 용병이 된 데카르트는 유럽의 여러 지역을 돌아다니는데 그러던 중 네덜란드의 브레다(Breda) 지역에 있을 때 광장에 걸려진 포스터를 보게 된 것이 데카르트의 인생에 전환점이 돼. 네덜란드어를 모르는 데카르트가 옆사람에게 포스터 내용이 뭔지를 물었는데, 그 사람 역시 후에 유명한 수학자가 되는 베크만(Isaac Beeckman)이었어. 이 둘은 나중에 친구가 되지만 당시엔 베크만이 거만하게 이렇게 말했어. "수학문제야. 몰라도 돼."

이에 열 받은 데카르트가 "수학인 건 나도 알아. 통역이나 해봐"라고 받아치니 베크만이 내용을 통역해주면서 "당연히 답도 알겠지?"라고 떠봤나봐. 한 성깔 하는 데카르트가 "당연히 알지, 내일 알려줄게. 네 주소 줘봐"라고 큰소리쳤대.[21]

다음 날 아침 데카르트는 정말 베크만을 찾아가서 그 포스터에 걸린 수학문제의 답을 전달했고 베크만이 이를 보고 놀라서 동네사람들과 그 지역 대학의 교수에게도 알렸다고 해. 그 수학문제가 뭔지는 밝혀지지 않았지만 고대 그리스 기하학 문제였다는 것만 알려져 있어. 데카르트는 이 사건을 계기로 자신이 수학적 재능이 있다는 걸 알게 되었고 또 네덜란드어도 배우게 돼.

그 후 데카르트는 지금의 체코 보헤미아 지방의 전쟁에 참여하러 가게 되는데 여행 도중 독일 남부의 울름(Ulm)에 머물게 되면서 요한 파울하버(Johann Faulhaber)라는 수학자를 만나게 돼. 둘은 대수학 문제를 내놓고 풀어보면서 실력을 알아보고 친구가 되는데 이 파울하버는 사실 과학자들의 비밀단체인 장미십자회(Rosy Cross, Rosicrucians)에 소속된 인물이었어. 그 비밀단체는 비밀리에 과학을 발전시켜 인간의 질병을 없애고 지식을 전수하되 가톨릭을 반대하는 단체였지. 약간 프리메이슨 비슷한 조직이었는데 어떤 사람들은 데카르트도 여기에 가입을 했다고 하고 아니라는 사람도 있고. 그냥 전설로 남아 있어.

결국 보헤미아의 프라하에 도착한 데카르트는 전쟁에 참여해서 그 당시 도시를 지배하던 프레데리크 2세를 몰아내는 데 성공하고는 다시 길을 떠나. 유럽 전역이 30년 전쟁으로 혼란의 시기를 보내고 있던 그때, 데카르트에게는 약점이 하나 있었는데 바로 가톨릭 신자가 아니라는 거었어. 당시 프랑스는 로마 가톨릭 교회의 영향 하에 있어서 데카르트는 자기가 가톨릭 신자라고 선전하고 다녔지만 사실 그는 신 자체를 믿지 않았

21   Amir D. Aczel, *A Strange Wilderness: The Lives of the Great Mathematicians*, 103쪽.

고 실제로 이 때문에 곤경을 치뤄.

　1628년에는 프랑스 왕 루이 13세의 개신교(프로테스탄트)에 대한 탄압이 절정에 이르러서 신교도 위그노들이 모인 로셸(La Rochelle)이라는 도시를 포위해서 시민들을 굶어 죽도록 한 일이 생겨. 이걸 본 데카르트는 큰 충격을 받지. 루이 13세가 데카르트처럼 명망이 있는 사람은 괜찮다고 직접 거론하기까지도 했지만 데카르트는 믿지 않았고 네덜란드에 망명 비슷하게 머물렀어. 1633년에는 지구가 태양 주변을 돈다고 주장한 갈릴레오가 종교재판을 받기도 하는데 자신의 책 『세계La Monde』에 같은 주장을 한 데카르트는 '멘붕'상태에 이르렀어.

　그런데 용병으로, 여행가로 여러 나라를 다닐수록 그는 확실한 진리와 멀어진 모양이야. 세상을 보는 눈이 사람마다 지역마다 달랐던 거지. 데카르트의 머릿속엔 결국 의심하고 생각하는 나만 남게 되었고 그런 깨달음은 1637년 『방법서설Discourse on Method』이란 책으로 탄생하게 돼. 이 책 부록에는 우리가 고교수학에서 배우는 평면좌표와 도형, 2차 곡선의 내용이 〈기하학La Géométrie〉이란 제목으로 실려 있어. 부록치고는 아주 대단한 부록이지. 데카르트는 이 책으로 단숨에 전 유럽에서 유명인사가 돼.

　하지만 1647년에 이르러서는 데카르트도 운이 다했는지 안 좋은 일들이 일어나. 우선 데카르트가 『방법서설』에서 제기한 '모든 걸 의심하자'는 것에 대해 사람들이 시비를 걸기 시작해. 믿음이 부족한 무신론자라는 거지. 데카르트는 이에 대해서 열심히 변론을 펼쳤지만 결국 네덜란드 법정은 데카르트에게 사과문을 쓸 것을 명령했고 데카르트는 어쩔 수 없이 명령에 따랐어. 이로써 문제가 해결된 듯했지만 데카르트는 이제 네덜란드에도 자신이 설 자리가 없다는 생각을 했던 것 같아.

이런 상황에서 때마침 개신교 국가인 스웨덴의 크리스티나 여왕이 데카르트의 책을 좋아해서 자신의 과외교사가 되겠냐는 제안을 해왔어. 데카르트는 스웨덴이 낯선 곳이어서 처음엔 망설였지만 이제 나이도 있고 크리스티나 여왕이 스웨덴 해군 제독과 그의 함대를 보내서 모시겠다며 거듭 요청하자 결국 승낙을 했어. 백마를 보낸 것도 아니고, 자가용을 보낸 것도 아니고, 무려 군함을 보내서 모시러 왔으니 그럴 만하지.

하지만 스웨덴 스톡홀름의 상황도 만만치는 않았어. 우선 늦게 자고 늦게 일어나는 데카르트에 반해 여왕은 아침형 인간이어서 새벽 5시에 공부를 하자고 했대. 또 여왕 주변의 신하들도 데카르트 같은 외국인이 여왕과 친하게 지내는 것을 못마땅해했고. 특히 여왕의 주치의가 데카르트를 아주 싫어했다고 하는데, 결국 데카르트는 독감에 걸리게 되었고 이를 치료하기 위해 피를 뽑은 후 증세가 악화되어서 1650년 2월 11일 죽고 말아. 피를 뽑는 것이 당시로선 당연한 치료법이었는데 여왕 주치의에 의한 독살이라고 주장하는 사람들도 있어. 그가 죽은 후 유해는 프랑스로 돌아와서 파리에 묻혔다고 해.

어때? 데카르트와 페르마의 삶은 차이가 많이 나지? 그래도 수학의 발전에 대한 기여도는 둘이 비슷해. 오히려 페르마가 조용히 많은 것을 이뤄냈는데 주로 친구들과의 편지를 통해 내용을 알렸기 때문에 과소평가된 면이 있어. 이제 본격적으로 수학으로 들어가보자.

우식이 : 오! 멋지다. 데카르트의 삶은 참으로 파란만장했구나. 내 소설의 주인공으로 쓰면 되겠어. 난 오늘부터 데카르트 팬이 되겠어.

불량 아빠 : 잘됐네. 데카르트가 남긴 수학업적만 다 알고 있어도 고등학교 수학 절반은 먹고 들어간 거야.

평면좌표가 나올 수밖에 없었던 시대적 배경

불량 아빠 : 데카르트의 생애를 봤으니 수학으로 돌아와서 당시 상황을 한번 보자. 대략 개념정리도 될 수 있을 거야.

평면좌표도 대수학의 도입 못지않게 수학을 한 단계 업그레이드한 발명이었는데 고대 그리스 시대의 기하학만으로 해결할 수 없었던 많은 문제를 해결해줬어. 이쯤에서 우리가 배운 수학의 역사를 되돌아볼 필요가 있겠다. 우리는 문자와 기호를 사용하는 대수학을 통해서 복잡한 현실을 단순화하고, 그 단순함 덕분에 많은 현실문제들, 땅의 면적, 물건의 부피 등을 재는 방법을 알게 된 거야.

그런데 이제 여기서 더 발전을 해서 여지껏 건드리지 못했던 분야에 도전을 하게 되는데 하나는 현미경, 망원경 등에서 빛의 굴절을 연구하는 광학이고 또 다른 하나는 별, 대포 같은 움직이는 물체의 궤적이야.

당시 상황으로 가서 문제가 뭐였고, 어떻게 그 시대 사람들이 문제를 해결했는지 알아보자.

1600년대 와서 특히 천문학자들이 타원운동에 관심을 가지고 다른 학자들은 빛의 굴절과 렌즈의 성질에 대해 관심을 보이기 시작했어.

천문학자인 브라헤(Tyco Brahe)와 케플러(Johannes Kepler)는 해가 질 때 우리가 보는 태양빛이 다음 그림에서 보이는 것처럼 사실은 휘어져서 우리에게 보인다는 사실을 알아내고 곡선의 성질에 대해 연구했어.[22] 또 페

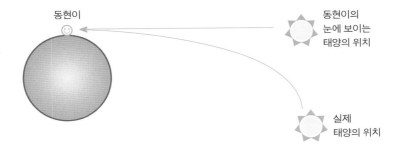

동현이

동현이의
눈에 보이는
태양의 위치

실제
태양의 위치

르마와 데카르트는 렌즈의 모양에 따라 빛의 굴절 정도가 변하는 것을 연구해서 현대 광학의 기초를 다졌지. 그 외에도 대포의 발사 후 궤적, 믿을 만한 추시계 등 일상생활에 실제로 필요한 것들을 발명하고 발전시키는 데 수학, 특히 곡선에 대한 이해가 필요해졌어.

당시 전해져 내려온 고대 그리스의 기하학은 원과 직선에 대해서는 강했지만 곡선, 특히 2차 곡선에 대해서는 조금 약했어. 게다가 단순해 보이는 직선이나 원을 설명할 때도 몇 장씩이나 되는 증명을 통해서 했으니 2차 곡선 같은 것을 설명하려면 종이값 대기도 힘들었던 거지.

부자는 망해도 3대는 간다고, 그래도 여전히 그리스 기하학이 2차 곡선 연구의 기초를 제공해주었지. 그리스 수학이 영어로는 코닉 섹션(Conic Section)이라 불리는 원뿔곡선의 연구에 대한 기초를 마련했거든. 코닉 섹션은 꼬깔콘 모양 원뿔의 단면을 잘랐다고 해서 이렇게 불려. 섹션은 잘라내다라는 뜻도 있거든. 우리말로 하자면 '원뿔 자르기' 정도가 되겠다.

우리가 내일 배우는 2차 곡선(또는 원뿔곡선)인 타원, 포물선, 쌍곡선은

22   Morris Kline, *Mathematics and the Physical World*, 148쪽.

이미 고대 그리스의 아폴로니우스(Apollonius)가 연구를 해놓은 것이었어. 다음의 그림을 보면 왼쪽부터 순서대로 잘라낸 단면이 원, 타원, 포물선, 쌍곡선의 형태가 나오지?

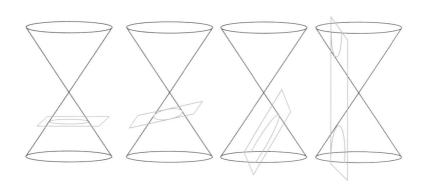

하지만 아폴로니우스의 연구는 그냥 이와 같은 그림만 보여주는 수준이었고 그 이상은 없었어. 심지어 자기 책에 원뿔곡선 같은 건 실용적인 의미가 없고 재미로 해보는 거라고 설명하기도 했어.

내일 배울 이 아폴로니우스의 연구는 훗날 인류의 수학실력이 좀 더 발전한 후에 빛을 발해. 특히 데카르트의 평면좌표가 등장한 후부터. 케플러가 행성운동에 관한 3가지 법칙을 만들어낸 것이 아폴로니우스가 발견해놓은 원뿔곡선이 있었기 때문에 가능했다는 평가도 있고, 데카르트와 페르마의 시대에 와서는 수학의 가장 중요한 한 분야가 됐어. 아폴로니우스는 자기가 얼마나 훌륭한 일을 했는지 당시엔 모른 거지. 아폴로니우스가 쓴 책들이 꽤 많았는데 다 없어지고 남아 있는 것이 이 원뿔곡선에 관한 것뿐이었대. 제일 좋은 것만 남은 건지, 아님 더 좋은 것들이 사라져버렸는지 그건 알 수 없지만.

아폴로니우스의 원뿔곡선은 내일 자세히 다룰 거니까 오늘은 평면좌

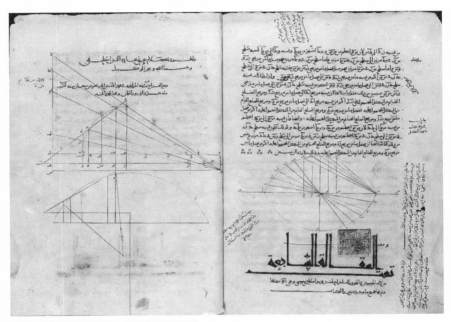

아폴로니우스의 『원뿔곡선론』 아랍어 번역본 일부

유클리드, 아르키메데스와 함께 고대 그리스의 3대 수학자로 꼽히는 아폴로니우스(기원전 262?~기원전 200?)는
원뿔곡선을 최초로 연구했다. 그의 저서 『원뿔곡선론』에는 2차 곡선인 타원, 포물선, 쌍곡선이 소개되어 있다. 전체
8권으로 이루어져 있었으나 7권까지만 그 내용이 전해진다. 1~4권은 그리스어로 남아 있고 5~7권은 아랍어 번역
본만 전해진다. 8권은 소실되었다.

표를 보자.

데카르트의 평면좌표(직교좌표)

불량 아빠 : 평면좌표는 데카르트와 페르마가 따로따로 고안해내는데 주로 언급되는 건 데카르트이니 데카르트를 중심으로 설명할게.

당시 과학자들은 아르키메데스, 유클리드, 아폴로니우스 등의 고대 그리스 책을 라틴어로 번역한 것들을 보면서 곡선에 대해서 연구를 진행했었는데 데카르트는 그리스 기하학이 현실적인 문제를 해결하는 데에는 문제점이 많다고 대놓고 투덜대기 시작했어. 곡선에 대해서 제대로 알기 위해서는 다른 접근방식이 필요하다고 만나는 사람마다 붙잡고 침 튀기며 열변을 토했지.

구체적으로 데카르트는 그리스 기하학의 다음과 같은 문제점을 꼬집었어. 첫째, 그리스 기하학은 너무 추상적이고 그 모양에 얽매여 있어서 원과 같은 단순한 그림을 이해하기 위해서도 수많은 증명이 필요하고 머리를 엄청 써야 한다고 비판했어. 한마디로 간단한 거 하는데 왜 이렇게 어렵게 가냐? 이 말이었지.

데카르트의 두 번째 비판은 아주 현실적인 문제였어. 대포알의 궤적을 알아보려는 데 기하학이 도움이 안 된다는 거였지. 기하학은 발사된 대포가 그리는 궤적의 모양과 특징에 대해서는 알려주지만 대포알이 얼마나 높이 올라갈지, 얼마나 멀리 갈지에 대해서는 답을 못 해준다 이거야. 당시 사람들은 실제 숫자로 나타나는 결과를 보고 이 대포는 몇 미터 나간다 이런 걸 보고 싶어했는데 기하학은 거기에 대한 답을 주지 못했던 거야.

당시에는 다항식/방정식을 다루는 대수학이 꽤 발전했었는데 며칠 전에 우리가 배운 비에트, 카르다노, 타르탈리아 같은 사람들이 이끌어 나가고 있었어. 그런데 데카르트는 이 대수학에 대해서도 비판을 해. 너무 공식과 법칙에 얽매여서 자신이 뭘 하는지도 모르면서 계산만 하게 만든다고. 데카르트 아저씨는 항상 불만이 많은 것이 우식이를 닮았어.

모태솔로 사촌형 : 그렇다고 데카르트가 비판만 한 건 아니야. 직접 이 문제를 해결하기 위해서 대수학과 기하학을 접목시킨 해석기하(Analytical Geometry)라는 수학분야를 만들거든. 뭐 해석기하라고 이름을 붙이니 거창해 보이는데 모두 평면좌표를 그려놓고 그 위에 직선, 원, 2차 곡선 등을 수식으로 설명하는 것에서 출발하는 거야. 고등학교 과정에서는 딱 거기까지만 배우니까 별거 없어.

그런데 이게 당시로서는 획기적인 발견이었고 인류의 과학수준을 발전시킨 수학 도구 중 하나였어. 누군가는 데카르트가 침대에 누워서 천장에 파리가 기어가는 모습을 보고 평면좌표를 발명했다고도 하는데, 그건 믿거나 말거나고.[23] 데카르트는 평면좌표를 실제 이런 식으로 소개했어.[24]

"어떤 곡선의 모양이 아래와 같이 P라는 점이 오른쪽으로 이동하는 모양에 따라 정해진다면 곡선의 성질은 점 P의 이동을 연구함으로써 알 수 있을 것이다."

---

23   Keith Devlin, *The Language of Mathematics*, 156쪽.
24   Morris Kline, *Mathematics in Western Culture*, 166쪽.

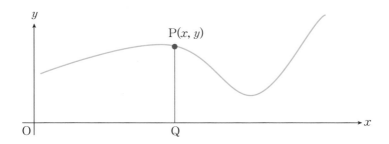

"물론 P의 이동은 아래 위로 움직이는 y의 길이도 있지만 점 O에서 출발하는 x의 크기에 의해서 결정된다. 결국 P의 각 위치마다 거기에 해당하는 (x, y)가 있을 것이다. 그러므로 곡선 자체를 결정하는 것은 수많은 x와 y의 관계들에 의해 정해지는 P점들이다."

x, y축이란 말은 데카르트나 페르마가 당시엔 사용한 말이 아니었는데 설명을 편하게 하려고 후대 사람들이 넣은 거야. 그 당시의 설명은 이것보다 훨씬 복잡했는데 점차 보기 쉽게 개선되어서 오늘날 교과서에서 보는 평면좌표에 이른 거야.

아무튼 데카르트는 P점들의 모양이 식을 통해서 만들어진다고 설명하면서 가장 기본적인 식은 $Ax^2 + Bxy + Cy^2 + Dx + Ey + F = 0$이라고 남겼어. 제곱형태의 2차식이지. 데카르트도 딱 찍어서 보여줬듯이 2차 방정식과 2차 함수가 제일 중요해.

그래서 평면좌표가 왜 중요한데?

모태솔로 사촌형 : 한편 데카르트는 x, y축을 그래프로 설명하면서 음수의 영역도 포함하게 되는데 이로 인해 그동안 음수를 부담스러워했던 당시 수학자들이 음수를 자연스럽게 받아들이는 데 일조해. 웃긴 건 데카르트 본인은 음수를 완전히 받아들이지 않았다는 거지. 음수를 후학들이 받아 들일 도구만 제공한 거야.

데카르트의 평면좌표을 보고 음수를 적극적으로 도입한 사람은 바로 뉴턴이야. 뉴턴 이전에 월리스(John Wallis)도 음수를 써야 한다고 주장했 는데 뉴턴이 이항정리의 지수를 음수와 분수까지 확장한 것이 워낙 수학 자들 사이에서 유명해지면서 음수가 자연스럽게 사용되었어. 뉴턴의 이 항정리는 나중에 다시 등장할 거야.[25]

데카르트가 평면좌표를 만들면서 자랑하고 다녔던 장점은 바로 어떤 곡선이든지 그에 해당하는 방정식이 있고 평면좌표를 통해서 그림이 그 려진다는 것이었어.

실제로 데카르트는 평면좌표에 대한 책을 발간한 후 2~3개월이 지나 서는 자신의 방법으로 직선, 원, 포물선의 성질 등 당시 수학자들이 풀지 못했던 문제들을 직접 해결해냈다고 해. 데카르트의 연구업적들은 고스 란히 우리가 조금 있다가 배울 직선, 원, 포물선의 방정식에 남아 있어. 기 대하시라.

데카르트는 자신의 방법이 유클리드 기하학에 비해 쉬우면서도 활용

---

25   이 책의 2권 Day 25, 237쪽을 참조하세요.

범위가 넓어서 모든 곡선을 그려내고 문제를 해결할 수 있다고 자화자찬을 했어(너희들도 느꼈겠지만 이분 스타일이 원래 이래). 뭐 모든 문제는 아니었지만 대부분의 문제를 해결한 것은 사실이야. 음수의 사용을 자연스럽게 한 것 말고 평면좌표가 수학에 기여한 점은 또 있어.

일단, 평면좌표는 나중에 우리가 배울 함수에도 쉽게 응용할 수 있는데 평면좌표를 이용하면 어떤 형태의 함수든 그림으로 나타낼 수 있어. 어떤 형태의 곡선이나 도형이라도 그림으로 보여주는 것과 산술로 계산하는 것이 가능해진 거야. 그럼으로써 수학자들의 상상력을 더 자극하게 되고 물리학의 발전에도 기여하게 되지.

방정식과 곡선이 만나서 우리는 2차원의 공간을 x축과 y축으로 그릴 수 있게 되었잖아? 그런데 이건 쉽게 3차원 공간으로 확장할 수 있어, x, y, z축을 이용해서. 아마 3차원 공간까지는 쉽게 이해가 될 거야. 그런데 이걸 4차원 공간으로도 확장할 수 있어. 물론 그림은 그릴 수 없지만 대수학의 방정식에 의존해서 식을 만들 수 있어. 데카르트가 여기까지 보여준 건 아니고 이건 나중에 수학자들이 확장시킨 건데 중요한 점은 인간의 사고가 인간의 시각의 한계를 넘어섰다는 점이야.

데카르트가 우리가 접하는 3차원 공간을 눈에 잘 들어오도록 2차 공간으로 표현한 것이 발전해서 나중에는 인간의 눈에 보이지 않는 4차원을 수식으로 상상할 수 있도록 해줬어. 수학자들은 나중에 4차원의 그림을 그릴 수 없기 때문에 수식으로 4차원 도형의 단면을 잘라내서 3차원 단면으로 볼 수 있게까지 만들어. 조금 전에 4개의 원뿔, 코닉 섹션을 그림으로 보여줬을 때 원뿔은 3차원 도형이야. 하지만 옆으로 잘라낸 단면은 2차원이라 축에 그릴 수 있어. 그것과 마찬가지로 4차원 도형의 단면을 잘라내면 3차원이 돼서 상상의 4차원을 인간의 눈으로 볼 수 있게 되는 거지.

마지막으로 한마디 더 하자면 평면좌표가 있었던 덕분에 나중에 뉴턴과 라이프니츠가 미적분을 발명할 수 있었어. 결국에 미적분을 증명하게 될 때에는 대수적으로 증명하게 되지만 처음 미적분의 기본적인 아이디어를 만들어나가던 단계에서 평면좌표가 없었다면 미적분은 발전할 수 없었어.

도형의 방정식 : 직선의 방정식

불량 아빠 : 자, 아빠가 좀 더 알기 쉽게 설명해줄게. 평면좌표가 중요한 이유는 이거야.

$y=x$라는 식이 있다고 쳐봐. 평면좌표가 나타나기 전에는 이건 단지 x와 y 간의 관계를 나타내는 관계식에 지나지 않아. 평면좌표가 나타나면서 좌표가 드디어 그림으로 그려지고(자취) 결국 도형을 다루던 기하학과 식을 다루던 대수학이 결혼을 하게 되는 거야. 이로써 직선, 원 등의 도형을 기하학처럼 어려운 과정을 거쳐서 증명하지 않고 그림으로 쉽게 그려낼 수 있게 되었어.

예를 들어 다음 그림과 같은 직선도 그리스식의 기하학으로 설명하려면 여러 가지 가정을 하고 직선이란 무엇인지에 대해 증명을 해야 했어. 우린 데카르트 덕분에 $y=x$를 만족하는 좌표들, 예를 들면, $(0,0)$, $(1,1)$, $(2,2)$ 등을 연결한 선이라고 쉽게 설명하고 알아볼 수 있어. 이 얼마나 고맙냐? 데카르트 덕분에 이제 도형이란 그저 좌표평면상에서의 점들

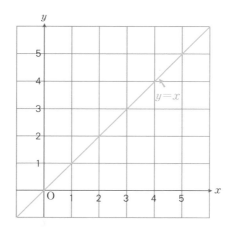

의 집합일 뿐이야.

도형의 방정식이란 도형을 이루는 그 점들의 좌표와 좌표의 관계식을 말해. 직선의 방정식은 1차 함수의 형태를 가지고 있는데, 아직 안 배운 '함수'라는 것이 나왔다고 무서워할 필요는 없어. 단지 x와 y가 대응한다는 것을 표시한 것이 함수야.

여하튼 데카르트의 평면좌표 덕분에 고등학교 수학에 자주 등장하는 것들은 직선, 원, 포물선, 그리고 내일 배울 원뿔곡선들이야. 데카르트 덕에 여지껏 배웠던 대수학과 도형이 연결되어서 우리 주변의 현실을 수학적으로 표현할 수 있게 되는데, 이것이 결국은 미적분까지 이어져. 고등학교 수학의 줄기라고 할 수 있지. 그러니 당연히 시험에도 자주 나오고, 까다로운 문제들도 많이 다루게 될 거야.

처음 배울 때는 이것들이 어렵다는 생각이 들지 모르지만 그나마 그리스 기하학으로 이걸 배우지 않는다는 것을 데카르트 아저씨에게 감사해야 해. 데카르트가 아니었으면 고등학교 내내 이 도형들만 붙잡고 있었을 거야.

모태솔로 사촌형 : 직선의 방정식은 대개 $y=ax+b$ 같은 형식을 가지고 있어. 기울기가 a, y절편이 b가 돼.

우식이 : y절편이 뭐야?

모태솔로 사촌형 : y절편은 y축과 만나는 점의 y 좌표인데, y축을 뚫고 지나가는 점의 y 좌표라고 생각하면 돼. x절편은 x축과 만나는 점의 x 좌표겠지?

y절편을 구할 때 $x=0$이라고 하고 y값을 구하면 나와. x절편을 구할 때 $y=0$이라고 하고 x값을 구하면 나와. 직접 구해보면 x절편은 $x=-\dfrac{b}{a}$이고 y절편은 b야.

직선의 방정식에서 중요한 것은 직선의 기울어진 정도를 나타내는 기울기인데 $y=ax+b$에서 a를 말해. 기울기는 $\dfrac{y의\ 증가량}{x의\ 증가량}$으로 정의되고 있고 a가 클수록 직선이 가파르고 $a=0$이면 평행하고 a가 0보다 작으면 오른쪽으로 갈수록 아래로 내려가는 모양의 직선이 되는 거야. 수능시험 등 종합적인 문제에서는 $\dfrac{y의\ 증가량}{x의\ 증가량}$을 $\tan\theta$로 표시하는 경우도 있는데, 중학교 때 배운 삼각비 탄젠트로도 기울기를 표시할 수 있어. 아까 말했듯이 좌표평면으로만 시험문제를 내려면 너무 쉬우니까 선생님들이 문제를 만들 때 이것저것 다른 내용을 끼워넣곤 한다는 점을 기억해둬.

또 직선의 방정식을 다음과 같이 여러 가지 형태로 나눠서 나타내기도 하는데 다 직선을 나타내는 거야.

먼저 직선의 방정식 일반형은 $ax+by+c=0$ 형태로 표현이 가능해.

$y=ax+b$ 이건 이미 본 것이고.

$y-y_1=a(x-x_1)$과 같은 형태도 있는데 점 (x_1, y_1)을 지나는 직선을 표현하는 표준형의 직선의 방정식이야.

마지막은 $\frac{x}{a}+\frac{y}{b}=1$과 같은 형태로 x절편이 a, y절편이 b인 경우야.

시험에는 위의 4가지 형태 중 세 번째가 잘 나오는데, 이걸 응용해서 직선과 점 사이의 거리를 구하는 문제가 나오곤 하니까 눈여겨봐둬.

Day 8

1차 및
2차 곡선
다루기

불량 아빠 : 어제 직선의 방정식을 봤는데, 데카르트의 평면좌표가 나온 17세기부터 그동안 기하학에서만 다루던 선, 도형, 곡선 등에 대한 연구가 마구마구 쏟아져 나왔어. 이미 말했듯이 망원경, 대포 등을 개발하기 위해서였는데, 이런 것들은 대부분 유럽인들이 최초로 발명한 것이 아니라 당시 선진국이던 중국, 아랍 등에서 온 것이었어. 그런데 유럽인들이 그것들을 뜯어보고 연구하면서 본격적으로 발전을 시키기 시작해. 거기에는 데카르트의 평면좌표가 아주 중요한 역할을 하지.

자, 이제부터 나오는 내용들은 데카르트가 평면좌표를 소개한 이후 여러 수학자들이 그걸 이리저리 연구하고 궁리하면서 나온 것들이야. 이 평면좌표의 응용물들이 워낙에 짧은 시간에 폭발적으로 나와서 누가 처음 만들었는지도 정확히 알 수 없어. 배워보면 알겠지만 인간이 눈으로만 인식하던 우리 주변의 공간을 수식으로 표현할 수 있게 되어서 공간을 논리로 이해하게 하는 첫걸음을 떼게 해주는 것들이지.

한마디로 너희들이 이걸 배움으로써 중학생 때와는 다른 사고를 하게 된다는 거야.

한 가지 덧붙이자면, 1차, 2차 곡선이나 방정식을 다룰 때 많은 참고서들이 1차, 2차 함수라고 부르기도 해. 나중에 함수를 다룰 때 엄밀한 차이를 구분하기는 하는데 사실 거의 차이가 없어. 지금은 그냥 2차 함수라고 말하면 2차 방정식이나 같은 것이라고 보고 넘어가면 돼.

오늘은 고등학교 수학문제와 관련된 것들이 많아서 사촌형이 주로 말을 할 거야. 사촌형과 즐공해~

도형의 방정식 : 원의 방정식

모태솔로 사촌형 : 이제 직선보다는 조금 더 복잡한 도형의 방정식인 원의 방정식을 볼까?

원의 방정식은 고등학교 수학 어디서나 나오는데 그 식도 특이해. 평면좌표상의 한 점(여기서는 C)에서 일정한 거리를 가지고 있는 모든 점들의 집합이 바로 원의 방정식이야. 다음 그림을 보면, 선분 $\overline{CP}=r$이 되고 원의 방정식은 $\sqrt{(x-a)^2+(y-b)^2}=r$과 같은 기본형식으로 표시할 수 있어. 원래 표준형은 양변에 제곱을 해서 $(x-a)^2+(y-b)^2=r^2$의 형태를 하고 있고 이것을 $x^2+y^2+Ax+By+C=0$으로 표시하는 것이 원의 방정

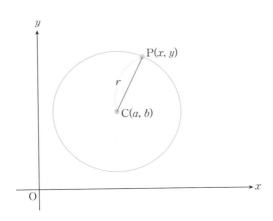

식의 일반형이야.

자, 그럼 형이 여기서 문제 하나 내볼게.

다음 식 $x^2+y^2-6x-4y+14=0$은 원의 방정식일까? 아닐까? 우식이 한번 구해봐라.

우식이 : 방금 말한 $x^2+y^2+Ax+By+C=0$이니까 당연히 원의 방정식이겠지. 아니야? 뭐 함정이 있나? 맞는 거 같은데.

모태솔로 사촌형 : 동현이 생각은 어때?

동현이 : 일단 분위기를 보니 아니라는 얘긴데……. 원의 형태로 만들어보는 게 먼저겠어요. 식을 보니 중학교 때 배웠던 완전제곱식을 이용하면 될 것 같은데……. 연습장에 계산을 해보니 완전제곱식을 만들려면 양변에 13씩 더해주면 되겠네요.

$$x^2 - 6x + 9 + y^2 - 4y + 4 + 14 = 13$$

흠, 이제 정리를 해보니,

$$(x-3)^2 + (y-2)^2 = -1$$

그러니까 반지름은 −1…… 어랏, 반지름이 마이너스가 될 수는 없는데.

모태솔로 사촌형 : 동현이가 예리하구나. 결론은 $x^2 + y^2 - 6x - 4y + 14 = 0$ 은 원의 방정식이 아니라는 거지. 조심해야 할 것은 위의 식에서 −1은 r^2 에 대입되어버려서 허수가 나와버린다는 거야. 완전제곱 형태를 만든 후 반대쪽의 숫자가 어떤 형태인지를 잘 봐야 해.

대개 원의 방정식이 되기 위한 조건으로는 1) 중심점의 좌표와 반지름이 주어진다, 2) 원 위의 세 점이 주어진다, 3) 원의 지름을 만드는 두 점의 좌표가 주어진다라고 이해하고 있으면 고등학교 수학에서 문제들을 접할 때 쉽게 가닥을 잡을 수 있을 거야. 물론 많은 문제풀이를 통해서 감을 잡아야 하겠지만.

또 원과 직선이 함께 나오면서 이들이 두 개의 점에서 만나는지, 접하는지, 혹은 만나지 않는지를 묻는 문제도 단골로 나오는 문제야.

2차 방정식의 그래프 : 포물선

우식이 : 이거 내가 그렇잖아도 물어보려고 했는데, 수학 I에서 2차 방정

식과 2차 부등식을 다 배우는데 수학 II에 가면 이게 또 나온다고 그러더라고. 왜 그런 거지?

모태솔로 사촌형 : 아주 좋은 질문이다. 보통 2차 방정식은 고등학교 과정에서 워낙에 중요하기 때문에 그래프를 중심으로 한 번 보고 그다음에는 식을 중심으로 한 번 더 봐. 그래프를 중심으로 다루는 것은 내일 아빠한테 배우기로 하고 오늘은 식을 중심으로 설명할게.

2차 방정식은 일반적으로 $y=a(x-m)^2+n$의 형태를 가지는데 평면 좌표상의 점(m, n) 그래프의 꼭지점이 돼. 여기서 $a>0$이면 포물선의 모양은 아래로 볼록한 ∪ 자 모양이 되고 $a<0$이면 위로 볼록한 ∩ 모양이 돼. 미국 학생들은 아래로 볼록한 식을 컨벡스(convex)라고 부르는데 valley(계곡) 모양이라고 해서 v를 연상해서 외운다고 하더라. 위로 볼록한 ∩ 모양의 식은 컨케이브(concave)라고 부르고 cave(동굴) 모양이라 외우고.

2차 방정식의 그래프 역시 원과 마찬가지로 완전제곱식으로 바꿔놓고 봐야 잘 보여. 예를 들어서 $y=-x^2-4x-9$라는 식이 있다고 보자. 우식이가 한번 완전제곱식으로 바꿔서 풀어볼까?

우식이 : 좋지. $y=-x^2-4x-9$를 보니 딱 $y=-(x^2+4x+9)$로 바꿔주기 쉽게 되어 있네. 완전제곱식을 만들어보니 $y=-(x+2)^2-5$가 나오는구만. 이제 좀 전에 봤던 식을 보니 $-m=2$니까 $m=-2$, $n=-5$. 그래서 꼭지점은 $(-2, -5)$. 그리고 $a=-1$이네. 그러므로 그래프는 위로 볼록한 ∩ 모양!

이 식을 그래프를 그려보면 아래와 같아.

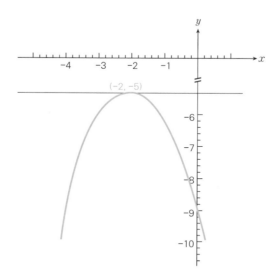

2차 방정식을 완전제곱식으로 바꾸는 경우가 워낙 많아서 다음과 같은 식도 있어. 무작정 외우지 말고 원래 근의 공식과 비교를 해봐.

$$y = ax^2 + bx + c = a\left(x + \frac{b}{2a}\right)^2 - \frac{b^2 - 4ac}{4a^2}$$

마지막으로 2차 방정식을 인수분해를 통해 파악하고 그림을 그리는 방법도 보자. 2차 다항식은 $y = a(x-b)(x-c)$라는 1차식의 곱으로 나타낼 수 있는데, 일단 예를 들어서 보자.

$y = x^2 - 5x + 6$이라는 식이 있다고 해봐. 이걸 인수분해하면 $y = (x-2)(x-3)$이 나올 거야. 여기서 x절편을 구하려면 y를 0으로 놓으면 되니, $x = 2, 3$이 되는 포물선이 생기는 걸 알 수 있어.

그다음에는 포물선의 특징을 이용하면 돼. 포물선은 ∩ 모양 아니면 ∪

모양이니 좌우로 보면 대칭형태를 가지고 있다는 점을 이용하는 거야. 2 와 3의 중간점은 2.5이니 $x=2.5$인 지점에 대칭축이 되는 선이 지나가는 걸 알 수 있지. 그리고 $y=(x-2)(x-3)$에서 a는 1이니 아래로 볼록한 ∪ 자 모양이야. 아래 그림과 같이.

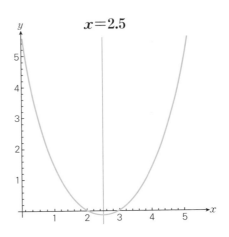

마지막으로 하나만 더 하자. 다음 2차 함수들의 판별식을 구해보자. 판 별식 $D=b^2-4ac$ 기억나지?

    ① $y=x^2-5x+6$

    ② $y=2x^2+4x+16$

    ③ $y=4x^2+4x+1$

각각의 D를 계산해보면 순서대로 1, -112, 0이 나와. 또 순서대로 그 래프를 보면 각자 다른 모양을 하고 있는 걸 알 수 있어. 이렇게 판별식은 그래프가 x축을 2번 지나가는지, 안 닿는지, 아니면 한 번 접하는지를 알 수 있는 용도로도 사용할 수 있어.

- $y = x^2 - 5x + 6, \boldsymbol{D} > 0$

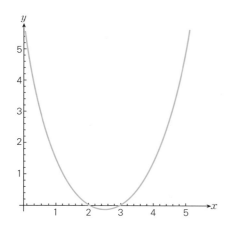

- $y = 2x^2 + 4x + 16, \boldsymbol{D} < 0$

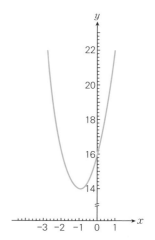

- $y = 4x^2 + 4x + 1, \boldsymbol{D} = 0$

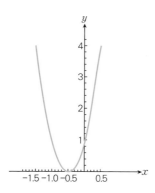

결국 데카르트의 평면좌표 덕분에 우리 인간들이 수식을 가지고 그래프를 그릴 수도 있고 또 그래프만 보고 식을 만들어낼 수 있는 능력을 갖게 된 거야.

앞으로 고등학교에 가면 2차 방정식과 관련해서 지금 본 것보다 훨씬 복잡한 문제들을 접할 텐데 그것들이 실제로 17세기 이후에 무기의 정확성이나 망원경의 정밀도를 계산하는 데 쓰여서 그 나라의 운명을 가르기도 했다는 점을 생각하면 전과는 다르게 들릴 거야.

유럽을 정복했던 나폴레옹 군대의 대포가 정확했던 건 데카르트를 이은 프랑스 수학자들 덕분이고 그 사람들이 풀어냈던 식은 위의 2차 방정식을 기초로 한 것들이었어.

최대/최소

모태솔로 사촌형 : 그런데 포물선과 같은 2차 방정식의 그래프를 그리다 보면 당연히 드는 질문이 "포물선이 얼마나 높이 올라갈 것인가" 아니면 "얼마나 내려갈 것인가" 뭐 이런 것들 아니겠어? 아까 봤듯이 데카르트도 이런 것들을 설명하기 위해서 평면좌표를 만들었던 거잖아. 지금도 중요해서 고등학교 과정에 포함되어 있지만, 당시엔 정말 중요했던 문제였어.

최대/최소 문제는 대부분 2차 함수(방정식)에서 나오는데 최대값은 가장 높은 y값, 최소값은 가장 낮은 y값을 말해. 그리고 특별히 문제에서 제한범위를 주지 않는 경우 그 그래프의 꼭지점에서 최대 또는 최소값이 나와.

우리가 이미 2차 방정식의 그래프를 자유자재로 그릴 수 있으니 최대 또는 최소점을 찾는 문제는 그리 어렵지 않아. 사실상 최대/최소 문제는 얼마나 정확하게 식을 그래프로 연결시킬 수 있는지를 테스트하는 문제거든.

감을 잡기 위해서 하나만 해보자. 2차 함수 $y = 2x^2 + 8x + 16$의 최대값과 최소값을 구하려면?

우식이 : 우선 완전제곱을 만들어줘야지. 해보니 $y=2(x+2)^2+8$이 나오니까 일단 a가 2여서 아래로 볼록한 ∪ 자형 그래프인 걸 알 수 있어. 아래 꼭지점$(-2, 8)$이 바로 최소값이 나오는 점인데, 최대값은…… 모르겠는데?

모태솔로 사촌형 : 잘했어. 우식이. 가르쳐준 것은 완벽하게 한 거야. 이런 경우 최대값은 끝없이 커지기 때문에 없어. 보통 문제에서는 x의 범위를 지정해줘. 예를 들어 x의 범위를 $-4 \le x \le 0$으로 지정해주면 최대값은 16이 되는 거지.

소개하는 단계이기 때문에 최대/최소를 간단하게 보고 넘어가긴 한다만, 고등학교에 가면 많은 까다로운 문제들이 최대/최소 부분에서 나올 뿐 아니라, 현실적으로도 경제학, 경영학을 포함한 모든 분야에서 가장 많이 사용되는 수학 개념 중 하나야.

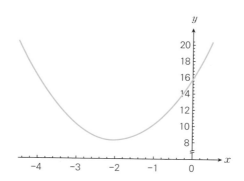

도형의 평행이동과 대칭이동

모태솔로 사촌형 : 보통 도형을 이동시키는 방법은 평행이동, 대칭이동, 회전이동이 있는데 고등학교 과정에서는 평행이동과 대칭이동이 주로 나오고 또 평행이동과 대칭이동을 정확히 알면 회전이동은 쉬워.

평행이동이란 도형을 구성하는 모든 점을 같은 방향, 같은 거리만큼 옮기되 도형의 원래 모양은 건드리지 않는 거야. 우리가 도형의 성질을 잘 알고 있다면 도형이나 점을 평면좌표상에서 이동시키는 원리는 간단해.

우리가 그 성질을 이미 잘 알고 있는 포물선을 한번 이동해보자. $y=x^2$ 이라는 포물선이 있다면 어떻게 해야 할까?

동현이 : 원래 배웠던 내용이네요. 조금 전에 봤던 $y=-(x+2)^2-5$는 꼭지점이 $(-2, 5)$에 있었던 위로 볼록한 $\cap$ 모양 포물선인데 지금 $y=x^2$ 은 꼭지점이 $(0, 0)$인 아래로 볼록한 $\cup$ 자형 포물선이잖아요. 이건 결국 포물선을 x축으로 -2만큼, y축으로 5만큼 옮긴 것이나 마찬가지예요.

모태솔로 사촌형 : 그렇지, 잘했다. 다만 포물선의 볼록한 방향은 바뀐다는 것을 잊지 마. $y=-(x+2)^2-5$의 그래프는 a의 자리에 -1이 있었어. 그래도 배운 것을 바로 응용할 줄 아니 기특하구나.

이제 대칭이동을 한번 보자.

고등학교에서 다루는 대칭이동은 x축 대칭, y축 대칭, $y=x$ 대칭, 그리고 원점대칭, 이렇게 4가지가 있어. 어떤 (x, y)라는 점이 있다면,

① x축 대칭이동을 하면 $(x, -y)$

② y축 대칭이동을 하면 $(-x, y)$

③ $y=x$ 대칭이동을 하면 (y, x)

④ 원점 대칭이동을 하면 $(-x, -y)$가 되는 거야.

이중 제일 중요하고 시험에 많이 나오는 것은 $y=x$ 대칭이동인데, 특히 $y=x^2$ 같은 2차 함수를 $y=x$ 대칭이동을 하는 경우 무리함수가 나와서 복잡해져.

대칭이동에 관해서는 오늘은 간단히 이 정도만 하고 며칠 뒤에 유리함수와 무리함수를 다룰 때 한 번 더 보자. 사실 유리함수는 평행이동, 무리함수는 대칭이동과 같이 엮여 있어서 이걸 지금 바로 다루고 싶지만, 그러면 너희가 과부하에 걸릴 거야. 그러니 분량을 나눠서 오늘 다룬 도형의 이동에 관한 기억이 사라질 때쯤 다시 보려고 해.[26]

불량 아빠 : 야~ 다들 열심히 하고 있구나. 오늘은 수학의 발전에 많은 기여를 한 페르마, 데카르트 등 프랑스 수학자에게 예의를 보이기 위해 특별히 프랑스 음식점에서 근사하게 식사를 해볼까?

우식이 : 하여간 아빠는 우리 배꼽시계에 정확히 맞춰서 등장한다니까!

---

26   이 책의 2권 Day 14, 68쪽을 참조하세요.

Day 9

2차 곡선:
원뿔곡선
(Conic Section)

불량 아빠 : 어제 2차 함수 또는 2차 방정식의 그래프를 다루는 법을 사촌형과 배우느라 수고했다. 오늘도 이어서 2차 곡선들을 계속 볼 텐데, 어제는 식(함수)을 중심으로 그래프의 모양이 어떻게 나오는지를 봤다면 오늘은 시각을 달리해서 그래프의 모양을 중심으로 보고 식(함수)은 보조가 될 거야.

2차 곡선이 고등학교 수학뿐 아니라 수학 전체에서 중요해진 건 케플러가 천문학을 연구하면서 타원, 포물선, 쌍곡선을 포함하는 원뿔도형(코닉 섹션)을 응용했기 때문인데, 다른 학자들이 2차 곡선을 쉽게 이해하고 사용할 수 있게 된 것은 데카르트의 평면좌표 덕분이었단다. 사실 당시 과학자들이 고대 그리스의 기하학 책을 우리가 요즘 수학의 정석, 수학의 바이블 같은 책 보듯이 기본서로 보고 있었기 때문에 아폴로니우스의 기하학과 원뿔곡선을 알았지만 너무 어려워서 어찌 해보지를 못하고 있던 상황이었는데 데카르트가 돌파구를 마련해준 거지.

케플러와 브라헤

불량 아빠 : 우리가 교과서에서 배우는 2차 곡선들을 천문학과 연결지어 수학적 체계를 잡은 사람은 케플러(Johannes Kepler)야. 케플러가 열심히 연구해놓은 것들이 데카르트의 평면좌표로 쉽게 설명이 되어서 지금 우리가 편하게 배우고 있는 거지.

케플러는 1571년 독일에서 태어났는데 이 시기는 르네상스가 시작되면서 유럽인들이 서서히 과학에 관심을 갖던 시대였어. 케플러의 아버지는 용병이어서 돈 될 만한 전쟁터를 찾아다녔고 엄마는 동네 이장의 딸로 의지력이 강했지만 입이 좀 거칠었다고 해. 케플러는 어렸을 때 천연두를 앓아서 시력이 안 좋고 몸도 약했는데 튀빙겐 대학에 들어간 18세 즈음에는 건강을 회복했다고 전해지고 있어.

케플러가 2차 곡선들을 천문학의 발전에 이용한 것을 설명하려면 브라헤(Tyco Brahe)라는 특이한 사람에 대해 좀 알아야 해. 이 사람은 덴마크 출신의 괴짜 천문학자야. 일단 금과 은으로 만든 가짜 코를 달고 다녔는데 친척과 수학공식에 대해 논쟁을 벌이다가 결투를 해서 코가 날라갔다나 뭐라나. 또 애완용 사슴을 데리고 다녔는데 같이 저녁을 먹으면서 맥주를 너무 많이 줘서 죽었다는 일화도 있고.

이런 기이한 행동과 달리 그는 타고난 관측 천문학자였어. 아직 망원경이 없던 당시, 맨눈으로 별을 관측할 만큼 시력이 뛰어났다는데 천문 관측에 관해서는 아주 섬세하고 정교했다고 해. 그는 밤마다 별과 행성이 어떻게 움직이는지 관측했는데, 당시 유럽에서 가장 방대하고 정확한 천문 관측 자료를 가지고 있는 사람이라고 평가받았대. 나중에 나올 테지만 로그를 개발하는 데에도 기여했지.

1600년에 브라헤는 화성의 궤도를 측정하는데 당시 젊은 천문학자로 뜨고 있던 케플러를 초청해서 공동연구를 하자고 제안했어. 말은 공동연구였지만 지금으로 치면 대학원 조교로 들어오란 얘기였어. 이때 신교도인 케플러는 가톨릭과의 종교전쟁 사이에 껴서 자신의 집과 땅을 팔고 도주 중인 상태였기 때문에 별다른 방법이 없었어.

브라헤는 자신이 있던 체코 프라하로 케플러를 불러서 별을 관측하고 수식을 만들어 예측하고, 검토하고, 수정하는 지루한 일을 시켰지. 그런데 브라헤가 1601년에 세상을 떠나고 말아.

브라헤가 죽은 후 케플러는 브라헤의 천문 관측 자료뿐 아니라 황실 수학자 직위까지 그대로 물려 받았어. 그런데 브라헤의 관측 자료를 활용하려면 먼저 빛의 굴절에 대해 알아야 했어. 빛의 굴절을 연구하다가 케플러는 『천문학의 광학적 부분*The Optical Part of Astronomy*』이라는 책을 쓰는데 여기서 2차 곡선의 성질과 계산에 관한 지식을 쌓게 돼. 또 이 책에서 그는 우리가 수학책에서 배우는, 곡선의 초점(focus)이라는 단어를 최초로 사용했어. 타원, 포물선, 쌍곡선 모두 초점을 가지고 있는데 그 초점은 실제로 빛이 모이는 점이야. 초점은 영어로 포커스(focus)라고 하는데 라틴어 어원을 따져보면 난로 또는 불타는 점을 의미한대.

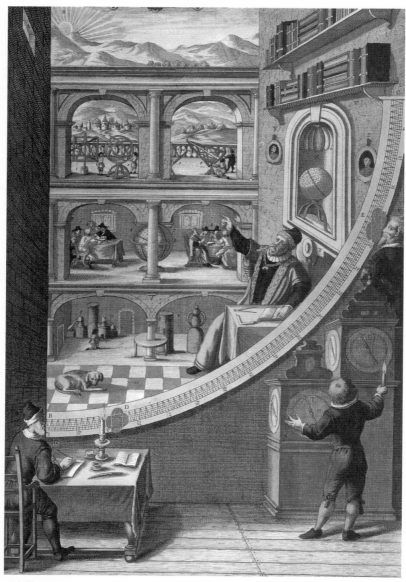

브라헤(1546~1601)

티코 브라헤는 1560년 우연히 일식을 보게 되면서 천문학에 관심을 갖게 되었다. 망원경이 없던 당시, 유럽에서 가장 방대하고 정밀한 관측 기록을 남긴 천문 관측학자로 꼽혔다. 16세기 덴마크와 노르웨이의 왕, 프레데리크 2세(Frederick II)의 지원으로, 브라헤는 유럽 최고의 관측 장비를 갖춘 개인 천문대를 벤 섬에 세우고 20년간 천문 관측을 했다. 그림은 벤 섬 우라니보르 천문대에서 별을 관측하는 브라헤의 모습을 그린 작품.

다시 천문학으로 돌아와서, 케플러는 브라헤가 남긴 산더미처럼 쌓인 관측 자료에 파묻혀 지내는데 아무리 보아도 이론과 실제 관측치가 맞지 않았던 거야. 당시의 천문 이론과 실제 화성의 움직임을 관측한 수치가 맞아떨어지지 않아서 케플러는 폭발 일보직전이었지. 결국 이러다가 자신이 미칠지도 모르겠다는 생각이 들었는지 케플러는 주전원(周轉圓, epicycle) 이론을 포기하고 자신이 새로운 가설을 내놓기로 했어.

스승 브라헤의 초상화 앞에 앉은 케플러(1571~1630)

브라헤와 케플러가 함께 보낸 시간은 18개월에 불과했지만, 두 사람이 천문학에 일으킨 변혁은 컸다. 고대부터 케플러가 살던 중세시대까지 행성이 원 궤도를 그리며 돈다는 게 천문학계의 정설이었다. 그러나 브라헤가 남긴 방대한 양의 천문 관측 자료를 4년간 분석한 끝에, 케플러는 행성의 궤도가 원이 아닌 타원임을 최초로 알아냈다.

우식이 : 근데 주전원이 뭐야?

불량 아빠 : 그래, 그걸 먼저 설명해줄 걸 그랬구나. 케플러 이전까지 행성의 이동과 관련해서는 고대 그리스의 아폴로니우스가 최초로 주장해서 사람들이 믿어왔던 주전원 이론이 정설이었어.

주전원 이론은 원래 플라톤이 주장한 대로 행성들은 가장 단순하면서 우아한 모양인 완벽한 원을 그리며 지구 주변을 돈다는 이론이야. 플라톤을 비롯한 당시 사람들은 우주는 완벽한 기하학적인 모습으로 창조되었고 행성들은 원의 형태를 띠면서 돌고 있다고 주장했지. 그런데 문제는 실제로 별이나 행성의 이동을 관찰해보면 그 이론과 맞아떨어지지 않았다는 점이야. 원을 그린다고 생각해서 내일쯤 저기 보일 것이다라고 예측한 별이 없어지고 딴 곳에서 나타나고 그랬던 거지.

아폴로니우스는 이런 이론과 관측의 불일치를 해결하기 위해 자신이 생각해낸 주전원 이론을 제시한 거야. 주전원 이론은 지구가 모든 별의 중심에 위치해 있고 다른 별(행성)들은 지구의 주변을 돌지만 단순히 원의 모습으로 도는 것이 아니라 아래의 모습처럼 지구 주변을 원형으로 도는 궤도 내에서 자체적인 나선형 궤도를 그리며 움직인다는 주장이야.

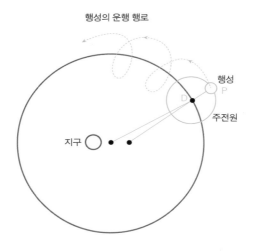

이 주전원 이론은 17세기까지도 다들 믿고 있었는데, 1609년 갈릴레오 (Galilleo Galilei)가 천체 망원경을 고안하면서 실제와 차이가 더욱 많이 나기 시작했어.

과학자들은 관측 자료를 주전원 이론에 맞추기 위해 새로운 주전원을 계속 추가했어. 무슨 얘기냐 하면, 주전원 이론에 따르면 행성이 지구 주변을 도는 큰 궤도가 있고 그 안에서 또 다른 원형 궤도를 그린다는 것인데 실제로 관측된 행성의 위치에 꿰어 맞추려고 새로운 원형 궤도가 또 있다는 둥 이것저것 여러 궤도를 갖다 붙인 거야.

결국 마지막 주전원 이론에 이르렀을 때는 5개 행성의 움직임을 설명하는 데 39개의 주전원이 필요한 상태가 됐어. 앞의 그림에 나선형 궤도가 지금처럼 하나가 아니라 수십 개가 다닥다닥 붙어 있는 거지. 그림도 그리기 어려워.

영어표현 중에는 잘못된 이론을 인정하지 않고 끝까지 맞다고 주장하며 말도 안 되는 증거를 덕지덕지 붙이는 경우에 사용하는 "adding the epicycle"이라는 말이 있어. 바로 '주전원을 더하고 있다'는 뜻이야.

케플러의 새로운 발견

불량 아빠 : 자, 이렇게 맞지도 않는 이론에 관측치를 맞춰야 하는 상황을 케플러는 이해할 수 없었겠지. 결국 케플러는 새로운 가설을 내놓는데 화성의 궤도가 타원형을 그린다는 가설이었어. 아까 말했듯이 짬짬이 광학연구를 해놓은 덕분에 2차 곡선 중 하나인 타원에 대해 아주 잘 알고 있었던 것도 큰 도움이 됐지.

처음엔 케플러 본인은 이 가설이 맞으리라고는 생각하지 않았대. 이렇게 간결하고 쉬운 사실이 맞았다면 그동안 아무도 이 이론을 내놓지 않았을 리 없다고 생각하면서. 게다가 우리도 알다시피 타원에는 초점이 두 개가 있는데 태양은 하나밖에 없으니 그것도 맞지 않기 때문에 자신의 이론임에도 여러모로 못 미더워했어.

그래도 케플러는 태양이 타원 내부 하나의 초점에만 존재하면서 행성이 타원을 그리며 이동하는 데 영향을 미치는 것으로 결론 내리고 밀어붙

였어.

그렇게 하자 관측 기록과 이론이 맞기 시작했어. 케플러는 또 화성이 타원 궤도를 그리며 이동하는 도중 태양과 가까울 때는 더 빨리 움직이고 멀 때는 늦게 움직이는 것도 알아내고 화성의 이동속도가 아래 그림과 같이 면적 A, B와 관련이 있다는 케플러의 넓이 법칙도 발견했어. A, B의 면적이 같으면 화성이 1에서 2로 움직이는 시간과 3에서 4로 움직이는 시간이 같다는 것이지.

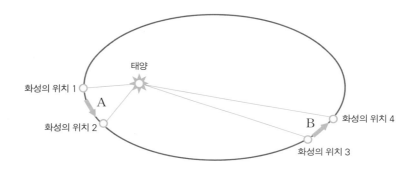

이게 나중에 배울 적분과도 관련이 있어. 며칠 후 적분을 배울 때 '아! 그거였구나' 하는 생각이 든다면 수학 감각이 있다고 자부해도 좋다.

2차 곡선 : 갈릴레오는 포물선, 케플러는 타원

불량 아빠 : 우리가 배우는 타원의 방정식이 지금은 별것 아닌 것처럼 보이지만 케플러가 살던 17세기에는 우주의 비밀을 알려주는 충격적인 발견이었어.

재밌는 사실은 이것들이 모두 오래전 그리스 시대 아폴로니우스의 작품이란 점이야. 잘못된 이론인 주전원도 아폴로니우스가 만든 거지만 그 것을 바로잡은 원뿔곡선의 타원도 아폴로니우스가 만든 것이야. 참고로 케플러가 화성의 타원 궤도를 발견한 시기는 아직 데카르트가 평면좌표를 발표한 1637년보다 전이었어. 우리는 타원 등의 2차 곡선을 평면좌표를 이용해서 쉽게 설명하고 이해할 수 있지만 케플러는 그런 도움없이 이걸 다 생각해냈어.

한편, 같은 시대 사람이었던 갈릴레오는 주로 포물선에 집중해서 업적을 남겨.

우리나라에 임진왜란이 시작되던 1592년 여름 갈릴레오는 자신의 후원자이자 친구였던 델몬트 백작(marquis Guidobaldo del Monte)의 성이 있는 우르비노(Urbino)에서 대포알의 궤적에 대한 연구를 하고 있었어. 갈릴레오 역시 아폴로니우스의 원뿔곡선 연구를 잘 알고 있었지. 그걸 이용해서 하늘로 쏘아 올린 대포알은 포물선의 궤적을 그리면서 다시 떨어진다고 결론을 내렸어.

실험을 위해서 대포알에 잉크를 칠해서 경사가 있는 평면판에 직접 쏘

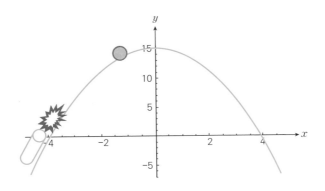

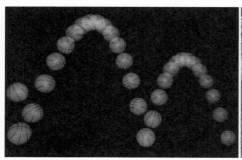

포물선

우리 주변에서 포물선 운동의 사례는 쉽게 찾아볼 수 있다. 공중에 던져진 모든 물체는 중력의 작용으로 포물선 운동을 한다. 발로 찬 공이나 분수대에서 나온 물줄기도 포물선을 그리며 낙하한다.

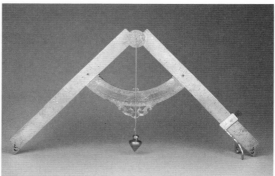

탄도학에 관한 타르탈리아의 저술 〈새로운 과학〉 삽화(왼쪽), 갈릴레오의 컴퍼스(오른쪽)

대포에서 발사된 포탄은 포물선 운동을 한다. 던져진 각도에 따라 포탄이 떨어지는 지점이 달라지는데 역사적으로 전쟁터에서 포탄의 낙하 지점을 예측하는 것은 중요한 문제였다. 16세기에 대포가 군사용 무기로 떠올랐던 시절, 이탈리아 베네치아의 수학자 타르탈리아(1499~1577)는 포 전문가로도 이름을 알렸다. 베네치아가 오스만투르크의 위협을 받자 3차 방정식의 해법을 탄도 계산에 사용했지만, 스스로가 탄도학 연구를 "벌 받을 짓"이라 생각하였다. 갈릴레오(1564~1642)는 생활고를 겪다가 1597년 기하용/군사용 컴퍼스를 제작하였다.

았다고 하는데 이를 통해 얻은 결론은 대포알이 올라가는 궤적과 내려오는 궤적이 대칭을 이루며 포물선을 그린다는 것이었어. 이 포물선은 중력의 영향을 받는 모든 물체의 움직임에 적용돼.

어제는 포물선을 2차 방정식 또는 2차 함수로 표현했는데 그것은 수식을 중심으로 본 것이고 포물선은 (해석)기하학적으로 볼 때 다음 그림과 같이 초점과 준선(a)을 가지고 있어서 초점과 준선 사이의 거리 비율이 일정한 점의 궤적(자취)을 그린 것이라고도 표현해.

아래 그림은 어제 배운 포물선의 일반식 $y=a(x-m)^2+n$으로 보면 $a>0$인 포물선인데 x축 대칭이동으로 뒤집어 놓으면 대포알의 궤적과 비슷한 그림이 나오겠지?

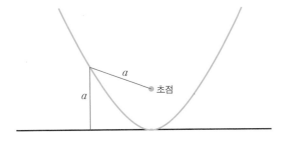

그리스 시대에 이미 발견되었지만 2천 년 동안 의미를 찾지 못하던 원뿔곡선이 케플러와 갈릴레오에 의해 갑자기 뜨기 시작한 거야. 그 둘은 서로 친하면서도 라이벌 관계였는데, 케플러는 타원, 갈릴레오는 포물선을 연구하고 있었던 거야. 사실 둘 다 같은 내용이었는데 말이야.

예를 들어 동현이가 하늘을 향해 돌을 던지면 포물선을 그리며 땅에 떨어지겠지만 만약에 동현이가 신화 속의 거인이어서 지구를 타원의 초점처럼 두고 돌을 던졌다면 멀리서 볼 때 그 돌은 지구 주변을 타원형의 궤도를 그리면서 돌게 되잖아.

2차 곡선 : 쌍곡선이 곧 타원이다

불량 아빠 : 쌍곡선의 점근선도 아폴로니우스가 이름 지은 것이야. 점근선은 영어로 어심토트(Asymptote)라고 해서 일종의 무한 개념으로 설명되지. 어떤 곡선이 점근선에 끝없이 가까워지려 하지만 결국은 닿지는 않는다는 의미거든. 이게 아마도 뉴턴에게 영감을 줘서 미적분을 발명하기에 이르렀을 수도 있는 중요한 개념이야. 나중에 정확히 보겠지만 미적분의 핵심은 이 닿을 듯 말 듯한 이것을 어떻게 다루느냐이거든.

학생들이 쌍곡선을 괜히 더 어려워하는 경향이 있는데 쌍곡선도 타원처럼 2개의 초점을 가지고 있고 결국은 타원이야. 쉽게 이해하려면 이런 상황을 생각해봐.

왼쪽의 그림과 같이 다 쓰고 난 화장실 휴지심에 우식이가 열심히 타원을 그려놓고 '자, 봐 타원이지?' 했는데 앞사람에게는 그 뒤쪽 면만 보일 것 아니야? 우식이는 타원을 보여주고 있지만 앞사람은 쌍곡선을 보고 있는 거야.

당연히 쌍곡선도 타원과 거의 같은 성질을 가지고 있어. 두 초점 사이에서 일정한 비율의 거리를 가진 점들의 궤적이 쌍곡선이야. 오른쪽 그림처럼 쌍곡선의 모든 점에서 a와 b의 비율이 일정하다는 말이지.

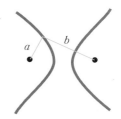

원뿔곡선 총정리

불량 아빠 : 마지막으로 원뿔곡선을 정리해보자. 고등학교에서 배우는 2차 곡선은 원뿔곡선이라고 해서 모든 곡선이 초점과 준선 간의 관계에 의해서 결정돼.

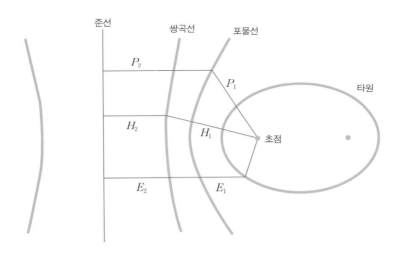

보통 곡선의 점과 초점 간의 거리를 곡선의 점과 준선 간의 거리로 나눈 것(예를 들어 $\frac{P_2}{P_1}$, $\frac{H_2}{H_1}$, $\frac{E_2}{E_1}$)을 이심률(eccentricity)이라고 하는데 이심률이 1보다 크면 쌍곡선, 1이면 포물선, 1보다 작으면 타원을 갖게 돼. 원의 경우 이심율이 0이고.

놀라운 사실을 말해주지. 너희들이 조만간 고등학교 수준에서 배울 이 원뿔곡선들은 지금도 실제로 천문학 분야에 적용되고 있는 내용들이야. 아폴로니우스 말대로 그냥 심심풀이 땅콩으로 하는 것이 아니고. 지구가 태양을 타원형으로 도는 궤도의 이심률은 0.0167이라고 해.[27] 또 핼리혜

성(Halley's Comet)의 이심률은 0.967이야. 그래서 75년 만에 한 번씩 관측되지.

만약에 이심률이 1인 행성이 있다면 그 별은 태양계에 딱 한 번 나타난 후 영원히 사라지는 거야. 신기하지? 실제로 이심률이 1.057인 행성이 발견되었다고 하는데[28] 그럼 그 궤도는 쌍곡선의 형태야. 그러니까 아까 우식이가 들고 있던 휴지심의 뒤쪽 우주를 보고 온 행성이지.

뉴턴은 이 포물선을 통해 중력을 설명했어. 사과가 떨어지는 것은 그냥 상징적인 의미이고 우리가 배우고 있는 2차 곡선을 통해서 지구의 중력을 설명한 거야. 또 아인슈타인은 쌍곡선을 통해 상대성이론을 설명했다고 해.

나는 쌍곡선을 보고 평행이론의 수학적인 근거가 아닐까 상상했었는데……. 최근 본 영화 〈인터스텔라〉도 연관이 있는 것 같기도 하고. 이 별 것 아닌 것 같은 2차 방정식에서 뭔가 우주의 기운이 우리를 감싸고 있는 것이 느껴지지 않니? 아님 말구.

자, 기억하고 넘어가야 할 건 이거야. 아폴로니우스는 원뿔곡선에 대해 우리가 아는 모든 것을 알고 있었지만 이것을 설명할 방법이 없었어. 그런데 천문학이 발달하면서 갈릴레오와 케플러가 천 년 이상 잠자고 있던 아폴로니우스의 이론을 다시 살려내 천문학에 적용시키고, 데카르트와 페르마가 평면좌표를 도입하면서는 아주 쉽게 설명이 가능해져서 오늘날 우리가 이렇게 쉽게 이해하게 되는 날이 온 거야.

지금 우리가 배우는 2차 곡선을 방정식의 형태로 정리하고 특징을 구

---

27   Alex Bellos, *The Grape of Math*, 106쪽.
28   http://en.wikipedia.org/wiki/C/1980_E1

분한 사람은『무한 연구 입문*Introductio in Analysin Infinitorum*』이라는 책을 쓴 오일러(Leonhard Euler)야.

Day 10

미적분
살짝
보기

우식이 : 당황스럽게 왜 미적분을 벌써 보자는 거지? 그건 고등학교에서도 2학년 때 배우는 내용인데.

불량 아빠 : 교과과정을 따르면 그렇긴 해. 하지만 수학이 발전해온 순서대로 따라가보면 우리가 조금 전에 배운 데카르트의 평면좌표가 나온 후 바로 미적분의 개념들이 본격적으로 등장하기 시작해. 평면좌표를 통해 수학자들이 움직이는 것들을 수식으로 쉽게 표현할 수 있게 되었고 정밀한 분석이 가능해졌거든. 당연히 평면좌표를 만든 데카르트나 페르마 같은 사람들이 미적분에 대해 어렴풋이 감을 잡기 시작해.

미적분은 갈릴레오에서 시작된 움직이는 물체에 대한 초기 연구가 데카르트를 거쳐 정교해지고 뉴턴과 라이프니츠에 이르러 완벽하게 분석되는, 하나로 연결된 성공 스토리였다고 할 수 있지. 본격적인 미적분은 수학 II를 끝낸 후 다시 보겠지만, 오늘은 평면좌표가 나온 후 당시 사람들의 생각이 어떻게 (초보적이지만) 미적분의 개념까지 이르렀는지를 훑어보려 해.

가끔 미적분을 어렵다고 생각하는 사람들이 많은데 옛날 사람들도 그렇게 했듯이 우리도 수학 I을 통해 기초를 다져놓고 정신만 차리면 문제없이 이해할 수 있어.

우식이 : 그럼 학교에서는 왜 미적분을 바로 안 들어가고 수학 II를 먼저 배워?

불량 아빠 : 거기에는 장래 소설가 우식이가 좋아하는 스토리가 있지. 우선 미적분은 17세기 후반 뉴턴과 라이프니츠가 발견한 후 100여 년간 수학적으로 증명이 안 된 상태로 사용됐어. 이건 수학의 세계에서는 있을 수 없는 일이었어. 미적분은 한마디로 부모 없이 태어난 고아나 마찬가지인데, 워낙 똘똘해서 주변사람들이 귀하게 대접해준 거라고 할 수 있지. 부모를 찾아준 건 19세기 초에 활동한 수학자 코시(Augustin-Louis Cauchy)였는데 혼자 찾아준 건 아니고 여러 재능 있는 수학자들의 도움을 받아. 여하튼 미적분 자체가 워낙 유용해서 여러 가지 문제를 해결해줬기 때문에 증명이 안 된 상태로도 쓰긴 했는데, 그 때문에 버클리 주교나 홉스(Thomas Hobbes) 등 여러 미적분 반대자들이 던진 질문에 대답을 내놓지

못했었어.

결국 창안된 지 150년이 지나서 미적분이 논리적·수학적으로 증명이 되는데 그 과정에서 우리가 수학 II에서 중점적으로 배우는 함수, 집합, 절대부등식, 무한급수 등에 대한 체계가 잡혔어. 미적분에 대한 수학적 증명이 안 되었다면 수학 II의 많은 부분이 존재하지 않았거나 아주 다른 형식이었을 수도 있어.

아, 그래서 왜 수학 II를 먼저 배우냐면, 역사상 나중에 나왔지만 미적분을 설명하는 중요한 기초 개념들을 먼저 탄탄히 해두고 논리적 체계가 잡힌 후에 너희들이 미적분을 쉽게 접하도록 배려를 해준 거야. 고맙지?

미적분의 기본적인 개념은 아주 오래전부터 존재했어. 고대 그리스의 아르키메데스, 중국 위나라의 유휘, 중국 남북조 시대의 조충지가 미적분과 비슷한 개념을 생각해냈다고 하는데 주로 "넓이나 부피를 구할 때 무한히 작게 쪼개서 합치면 구할 수 있다"라는 기발하긴 하지만 원시적인 방법이었어. 역사적으로 미분보다는 면적을 잴 수 있는 적분에 관심이 더 많았는데 적분의 기초가 되었다는 그들의 생각은 단순히 끝없이 쪼개서 더하자는 방식이었어. 어떤 체계적인 법칙을 만든 것이 아니라.

17세기 초 케플러나 카발리에리(Buonaventura Cavalieri) 같은 수학자들이 적분 중심으로 연구를 하고 소개도 했지만 대부분 사람들은 관심이 없었어. 이해도 하지 못했고. 특히 카발리에리의 책은 내용이 방대하고 설명이 어려워서 나중에 미적분을 둘러싸고 수학자들 사이에 논쟁이 붙으면 불리한 쪽이 비장의 무기로 "내 이론은 카발리에리의 책에 나와 있다"라고 내세우곤 했대. 그럼 상대방이 그 책을 안 읽었다거나 이해를 못 했다고는 차마 말하지 못하고 조용해지곤 했다는 전설 같은 이야기가 있지.

또 어제 봤던 케플러의 경우 적분을 발표하자 케플러를 후원하던 왕이 쓸데없는 수학 장난이나 하고 있다며 편잔을 놓기도 했대. 그럴 만도 한 것이 케플러가 자신의 결혼식에 사용할 와인을 통째로 사면서 통 안에 담긴 와인의 양을 잴 수 있는 방법을 고심하면서 나온 것이 적분 개념이었거든. 이때 케플러가 미적분마저 발명했다면, 술꾼들에게는 큰 위안이 됐을 텐데. 안타깝군.

한마디로 이때까지의 미적분은 특별한 체계가 없던 상황이었어. 뉴턴과 라이프니츠가 미적분을 발명했다고 사람들이 인정하는 이유는 둘 다 어느 상황에서나 통하는 체계적이고 일반적인 미적분 방법을 정립했기 때문인데 그럴 수 있었던 기본토대를 미리 제공해준 사람들이 바로 케플러와 카발리에리 그리고 그 이후 프랑스의 데카르트와 페르마, 또 영국의 배로와 월리스야. 참고로 뉴턴이 자신의 업적과 관련하여 겸손하게 자신은 단지 거인들의 어깨 위에 서 있었을 뿐이라고 말했다는데 그 거인들이 바로 오늘 소개할 사람들이야.

이들이 제시한 방법은 수학적으로 세련되지 못했을 뿐이지 기본적인 접근방식은 우리가 배우는 미적분과 같아. 조금 가볍게 옛날에는 이렇게 이해했구나라는 생각으로 보면 이 다음에 미적분을 배울 때 도움이 될 거야. 수학 I에서 배운 도형과 2차 곡선의 내용을 통해 설명하니까 좋은 복습의 기회도 되겠고. 자, 시작한다.

데카르트의 곡선의 접선 구하기

불량 아빠 : 데카르트는 자신이 발명한 평면좌표를 잘 활용해서 곡선의

접선을 구하는 방법도 개발했어. 곡선의 한 점을 원과 접하게 만들어 원의 반지름을 구하는 방식이었는데, 원의 방정식을 잘 이해하고 있는지 복습하는 기회도 되겠다. 데카르트가 접선(Tangent)을 구한 방법을 어디 한번 보자.

우선 아래의 그림에서 OC 곡선의 C점에서의 접점을 찾고자 한다면 C를 통과하고 P를 원점으로 하는 원을 그려. 그림에서 보면 원이 E에서도 곡선과 만나고 있기 때문에 원과 OC 곡선은 현재 접점을 가지고 있지 않아. 원과 곡선 OC는 한 점에서 만나야만 해. 그러므로 데카르트의 목표는 원의 원점인 P를 잘 이동시켜서 원의 반지름인 CP와 OC곡선이 점 C에서만 만나게 하는 거였어.

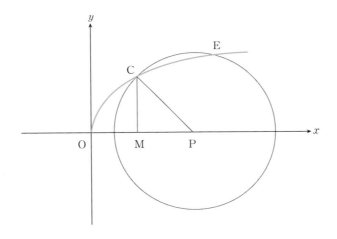

이제 데카르트 본인이 개발한 평면좌표를 이용해서 위의 그림을 대수적으로, 즉 식으로 표현하면 돼. 간단한 예를 들어 설명해볼게. 원래 데카르트는 성격이 특이해서 일부러 어려운 도형의 식을 이용해서 설명했대. 그래야 독자들이 정신을 차려서 자신의 평면좌표를 더 잘 이해할 수 있다

고. 한마디로 피곤한 성격이었지.

OC 곡선을 $y=\sqrt{x}$라고 하고 점 C의 좌표는 (a^2, a) 그리고 하나의 원이 반지름 r, 원점의 좌표$(h, 0)$을 가지고 있다고 해봐. 그럼 다음의 식이 성립하겠지.

$$(x-h)^2+y^2=r^2$$

이걸 전개하고 0으로 놓으면 $y^2+x^2-2hx+h^2-r^2=0$이 나오고 $y=\sqrt{x}$인 점을 이용해서 y에 대입하면

$$x^2+(1-2h)x+(h^2-r^2)=0$$

이제 점 (a^2, a)이니까 $x=a^2$에서 유일한 해를 가져야 해. 그 말은 곧

$$x^2+(1-2h)x+(h^2-r^2)=(x-a^2)^2$$

결국 $1-2h=-2a^2$이니 $h=a^2+\dfrac{1}{2}$. 원점좌표가 $(a^2+\dfrac{1}{2}, 0)$인 원이 OC 곡선과 접점을 갖게 된다는 것을 알 수 있어. 이것이 데카르트가 제시한 접점을 찾는 방법인데 우리 사례처럼 간단한 곡선$(y=\sqrt{x})$인 경우에는 쉽게 답이 나오지만 곡선이 조금만 복잡해져도 실제로 계산하기가 어려워져. 물론 데카르트는 인정하지 않았지만 페르마의 방식이 더 쉬웠어.

아이작 배로의 접선

불량 아빠 : 이번엔 배로가 접선을 구한 방식을 볼까.

아이작 배로(Isaac Barrow)는 케임브리지 대학에서 뉴턴의 스승이었고

당연히 뉴턴의 미적분에 지대한 영향을 미쳤는데 이분도 재미있는 인물이야. 배로는 미분 삼각형이라는 개념을 도입해서 미적분의 핵심인 무한소(아주 작은 수)를 설명했어. 케임브리지 대학의 트리니티 칼리지를 발전시키고 학장으로서 트리니티 칼리지의 도서관을 지은 업적을 남기기도 했지.

젊었을 때 여행 중에 해적들을 맨손으로 때려잡은 일화도 있고 힘이 장사였다는 기록이 있는데 힘도 셌지만 사고도 많이 쳤나봐. 어렸을 때는 매일 나쁜 짓을 하고 다녀서 그의 아버지가 "주님, 만일 제 아이들 중 한 명만 데려가셔야 한다면 꼭 아이작을 데려가 주소서"라고 기도하기도 했대. 그런 사고뭉치 아들이 나중에 교수에 학장까지 지낼 거라고는 생각도 못 했을 거야. 그런데 안타깝게도 배로는 오래 살지 못하고 한창 나이인 40대에 죽었어. 담배를 엄청 좋아한 골초였거든.

자, 배로가 접선의 기울기를 구했던 방법을 보자.

배로는 아래 보이는 곡선 위의 점 P에서의 접점을 찾고자 했고 $\overline{PT}$가 접선이라고 할 때 Q가 P에 접근할수록 삼각형 △PQR과 △PTM이 결국에는 같아진다고 설명했어. 이게 바로 배로의 미분 삼각형이지. 이제

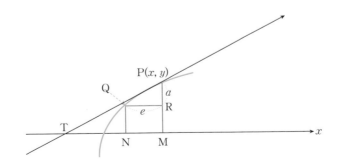

$\dfrac{\text{RP}}{\text{QR}}=\dfrac{\text{MP}}{\text{TM}}$ 도 성립해.

이제 QR을 e라고 놓고 RP는 a라고 놓자. 그럼 점 P의 좌표가 (x, y)라면 Q의 좌표는 $(x-e, y-a)$가 돼. 배로 역시 e와 a를 0으로 수렴하는 수라고 하여 e나 a가 2승, 3승 등 제곱되는 경우 0으로 봤어. 예를 들어서, 곡선의 식이 $x^3+y^3=r^3$이라고 하면[29] x와 y에 $x-e$와 $y-a$를 대입해서 $(x-e)^3+(y-a)^3=r^3$을 만들고 이 식을 전개하면 $x^3-3x^2e+3xe^2-e^3+y^3-3y^2a+3ya^2-a^3=r^3$이 나와. 여기서 $3xe^2$, e^3, $3ya^2$, a^3은 0이라고 보면 $x^3-3x^2e+y^3-3y^2a=r^3$이 남지. 그런데 $x^3+y^3=r^3$이니까 $-3x^2e-3y^2a$는 0이 돼야 해. 계산하면

$$\frac{a}{e}=-\frac{x^2}{y^2}$$

이것이 (x, y)에서 접선의 기울기야. 배로는 "0에 수렴되는" 그 어떤 수를 제시했는데 역시 여기에 대한 자세한 설명은 없었지. 하지만 배로의 방법은 뉴턴의 관심을 끌었고 결국 뉴턴을 미적분의 세계로 인도하게 돼.

자, 이제부터 나오는 내용에는 조금 복잡하거나 아직 배우지 않은 내용들이 포함돼. 그래서 우리의 구원투수 사촌형이 설명할 거야.

나와주세요!

---

[29]   http://www.math.byu.edu/~williams/Classes/300W2012/PDFs/PPTs/Beginnings%20of%20the%20Calculus.pdf

뉴턴 시대 이전의 미적분 개념

카발리에리의 적분

모태솔로 사촌형 ： 카발리에리는 불가분량의 방법(method of indivisible)을
개발했는데 내용은 다음과 같아.[30] 포물선 $y=x^2$이 있고 $y=0$과 $x=a$ 사
이의 넓이를 구할 때 카발리에리는 포물선 아래의 가로 길이는 불가분량
(indivisible)이라 불리는, 나눠지지 않는 작은 구간으로 나눠져 있고 높이
는 그 제곱값이 되는 사각형으로 구성된다고 본 거야. 나중에 배울 적분
이랑 거의 같을 거야.

각각 가로구간의 길이를 d라고 하면 구간이 늘어남에 따라 높이는 각

---

30   Eli Maor, *e: the story of number*, 56쪽.

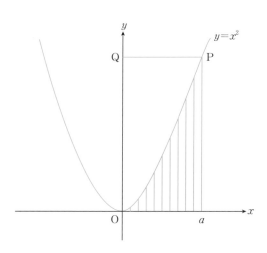

각 d^2, $(2d)^2$, $(3d)^2$, $\cdots$ 이런 식으로 늘어날 거야. 이제 각각의 사각형 넓이를 합한 값은 $[d^2, (2d)^2, (3d)^2, \cdots (nd)^2] \cdot d = [1^2 + 2^2 + 3^2 + \cdots + n^2] \cdot d^3$이 나와. 수열의 합 공식을 찾아보면 이것이 $\left[\dfrac{n(n+1)(2n+1)}{6}\right] \cdot d^3$이 되는 것을 알 수 있을 거야. 조금 더 깔끔하게 정리하면

$$\frac{\left(1+\dfrac{1}{n}\right)\left(2+\dfrac{1}{n}\right)(nd)^3}{6}$$

이제 우리가 넓이를 구하고자 하는 구간이 0과 a 사이이니까. nd를 a로 놓으면

$$\frac{\left(1+\dfrac{1}{n}\right)\left(2+\dfrac{1}{n}\right)(a)^3}{6}$$

여기서 구간을 더 이상 나눠지지 않을 정도로 작게 나눠버리면 거의 무한대의 수만큼 구간을 나눈 것이므로 n의 수는 무한대($n \to \infty$)가 되어버려. 그럼 $\dfrac{1}{n}$은 엄청나게 작은 수가 되어서 거의 0이나 다름없어지겠지? 그래서 넓이는 $\dfrac{a^3}{3}$이 나와. 나중에 적분을 배울 때 다시 와서 비교해보면

알겠지만 우리가 배우는 현대식 적분, $\int_0^a x^2 dx = \dfrac{a^3}{3}$과 같아. 카발리에리는 이러한 사실을 뉴턴이 태어나기 7년 전인 1635년에 발표했어.

내가 방금 설명한 것을 너희들이 잘 따라왔다면 적분의 기본적인 개념은 이미 잡고 들어간 거야.

우식이 : 그런데 아까 말한 불가분량이란 것이 도무지 뭔지 애매해. 0인 것 같기도 하고 아닌 것 같기도 하고.

모태솔로 사촌형 : 음…… 날카로운 지적이다. 바로 그 문제를 해결하지 못해서 미적분이 100년 이상 고아취급을 받았던 거야. 며칠 있다가 한꺼번에 설명할 테니 일단은 그런가보다 하고 들어봐. 불가분량이 뭔지 몰라도 설명을 이해하는 데 지장이 없고 실제 역사적으로도 그렇게 진행됐어.

그레구아르 생뱅상의 쌍곡선과 로그관계

모태솔로 사촌형 : 이번엔 그레구아르 생뱅상(Gregoire de Saint-Vincent)이 쌍곡선 아래면적을 구한 과정을 보자.

벨기에 출신의 예수회 수도승이었던 생뱅상[31]은 다음과 같은 그림을 그려서 $y = \dfrac{1}{x}$ 곡선 아래의 면적을 구했어. 우선 N에서부터 시작되어 곡선을 따라 생기는 직사각형의 가로 길이는 각각 $a - ar = a(1-r)$, $ar - ar^2 = ar(1-r)$, …, 높이는 $a^{-1} = \dfrac{1}{a}$, $(ar)^{-1} = \dfrac{1}{ar}$, $(ar^2)^{-1} = \dfrac{1}{ar^2}$, … 이런

---

31   Eli Maor, *e: the story of a number*, 66쪽.

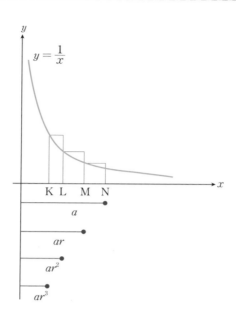

식으로 구해질 수 있어.

각 직사각형의 면적을 보면 $a(1-r)\cdot\dfrac{1}{a}=1-r, ar(1-r)\cdot\dfrac{1}{ar}=1-r,$ …이 될 거야. 여기서 직사각형들의 가로 길이는 기하급수적으로 감소(거듭제곱의 형태로)하지만 직사각형들의 면적은 변하지 않는다는 걸 알 수 있어.

생뱅상은 여기서 직사각형들의 길이와 면적의 관계가 로그의 관계를 갖는다는 것을 발견하고 $\displaystyle\int_0^t \dfrac{1}{x}dx=\log(t)$라는 사실을 간파했어.

이것이 로그를 함수로 생각한 최초의 발견이긴 한데 생뱅상은 1631년 프라하에 스웨덴 군대가 침공하는 바람에 도망을 가면서 연구기록을 모두 두고 와버려. 그나마 남아 있는 것들은 친구와 제자들이 모아서 10년 후에 공개한 것들이라고 해.

페르마의 곡선의 접선

모태솔로 사촌형 : 마지막으로 1629년 페르마가 곡선의 접선을 도출하던 과정을 살펴보자.[32] 시간적으로는 가장 먼저 발표되어서 데카르트를 잠깐 열폭시켰던 연구결과였어. 여기에 자극받아서 나온 것이 우리가 처음 본 데카르트의 접선이었거든.

페르마는 f라는 곡선의 접선을 구하기 위해 우선 $D(x, y)$를 접점이라고 가정하고 접점과 접선이 x축을 지나는 점 사이의 거리를 t라고 봤어.

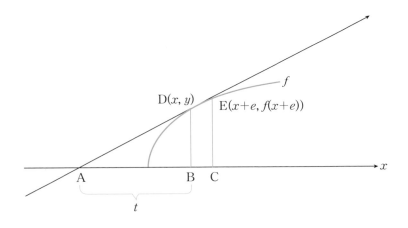

페르마는 그다음에 "아주 작은 수"를 의미하는 e라는 숫자를 만들어놓고 x와 $f(x)$에 더해서 두 개의 삼각형, $\triangle ABD$와 $\triangle ACE$를 만들었어. e가 작아질수록 두 개의 삼각형이 같아진다는 것을 알고 있었던 페르마는 이런 식을 만들었지.

32　　http://www.math.byu.edu/~williams/Classes/300W2012/PDFs/PPTs/Beginnings%20of%20the%20Calculus.pdf

$$\frac{f(x+e)}{f(x)} = \frac{t+e}{t}$$

그러고서는 과감하게 $e=0$이라고 보고 접선을 구했어. 예를 들면 이렇게. 구하고자 하는 곡선이 $f(x)=\sqrt[3]{x}$ 라고 하면 $\frac{\sqrt[3]{(x+e)}}{\sqrt[3]{x}} = \frac{t+e}{t}$가 만들어지고 정리하면 $t\sqrt[3]{x+e}=(t+e)\sqrt[3]{x}$가 나오니 식을 조금 변형해서(각각 세제곱해서) $t^3(x+e)=(t+e)^3x$를 만들었어. 이 식을 풀어서 전개하고 정리하면 다음의 식이 나와.

$$t^3 = 3xt^2 + 3xte + xe^2$$

여기서 $e=0$이면 $t^3=3xt^2$이 되고 t로 나눠주면 $t=3x$가 된다. 결국 $y=\sqrt[3]{x}$이고 $t=3x$이니 앞의 그림에서 접선의 기울기인 $\frac{y}{t}$는 $\frac{\sqrt[3]{x}}{3x}$가 되는 사실을 도출해냈어.

너희들이 나중에 미분법을 배우고 나서 확인해보면 $f(x)=\sqrt[3]{x}$를 미분하면 나오는 결과인 $\frac{\sqrt[3]{x}}{3x}$와 같다는 점을 알 수 있어.[33]

정리를 해보자면, 뉴턴과 라이프니츠 이전에도 많은 사람들이 미적분의 개념을 이미 알고 있었어. 다만 "아주 작은" 수를 이용하면서도 그게 뭔지를 정확히 말하지 않고 넘어가곤 했지. 게다가 미분과 적분이 연관이 있다는 사실도 오늘 소개한 사람들은 몰랐어. 뉴턴과 라이프니츠만이 그 관계를 설명했고 각각의 사람들이 따로따로 알고 있던 사실들을 종합해서 정리했어. 그랬기 때문에 뉴턴과 라이프니츠가 미적분의 창시자라고 평가받는 거야.

---

[33] $f(x)=\sqrt[3]{x}=x^{\frac{1}{3}}, f'(x)=\frac{1}{3}x^{-\frac{2}{3}}=\frac{\sqrt[3]{x}}{3x} \therefore f'(x)=nx^{n-1}$

순열과 조합

불량 아빠 : 순열과 조합은 이항정리와 관련이 깊어. 고등학교 수학에서는 확률을 배울 때 나오지만 미리 알아두면 수학 I, II 그리고 미적분을 배울 때에도 도움이 돼. 별로 어렵지도 않고. 무엇보다도 스포츠를 볼 때 큰 도움이 돼. 특히 축구.

지난 2012년 런던 올림픽에서 한국은 금메달 13개, 일본은 7개를 획득해서 총순위에서 한국은 5위, 일본은 11위를 기록했어. 그런데 그건 금메달 순으로 매긴 것이고 금, 은, 동을 구분하지 않은 메달수만 보면 한국이 28개, 일본이 38개로 일본이 한국보다 위에 있어. 일본 방송은 주로 총메달 수 기록을 보여주더만. 한국은 금메달 순으로 보여주고.

순열과 조합에서는 이게 의미가 있다, 이거야. 순열(Permutation)은 올림픽에서 금, 은, 동을 구분하는 방식이고 조합(Combination)은 금, 은, 동을 구분하지 않고 메달수로 계산하는 방식이야.

우선 축구경기로 순열을 공부해보자. 런던 올림픽 남자축구 8강에는 한국, 브라질, 일본, 멕시코, 영국, 온두라스, 세네갈, 이집트가 올라왔었어. 객관적인 전력차이를 떠나 모든 국가가 동등한 실력과 기회를 갖고 있다고 보고 여기 8개 국가 중 메달을 받는 3개 국가가 금, 은, 동메달로 선택될 경우의 수는 몇 개일지 생각해보자. 그대로 써보면 별로 안 어려워.

금메달: 8개 국가 모두에게 기회가 있으니 8가지 경우,

은메달: 금메달을 딴 국가 하나를 제외하고 7개 국가 모두에 기회가 있으니 7가지 경우,

동메달: 금메달, 은메달이 확정된 2개 국가를 제외하고 6개 국가 모두에게 기회가 있으니 6가지 경우가 존재해.

이걸 써보면 $8 \times 7 \times 6 = 336$가지 경우가 돼. 이게 답인데, 일반적으로 쓰이는 공식을 만들어보자. 우선 팩토리얼은 설명했지? $8! = 8 \times 7 \times 6 \times 5 \times 4 \times 3 \times 2 \times 1$이라고. 팩토리얼 기호를 써서 우리가 $8 \times 7 \times 6 = 336$을 구한 방법을 다시 폼나게 써보면,

$$\frac{8!}{5!} = \frac{8 \times 7 \times 6 \times 5 \times 4 \times 3 \times 2 \times 1}{5 \times 4 \times 3 \times 2 \times 1}$$

이렇게 쓰는 이유는 우리가 필요한 것은 금, 은, 동 3가지 상황이니, $8 \times 7 \times 6$뿐인데 팩토리얼 기호는 특성상 1이 될 때까지 다 곱해야 해서 중간에 끊을 수 없기 때문이야. 그래서 보다시피 분모에 끊어낼 부분 $(5 \times 4 \times 3 \times 2 \times 1)$을 넣어줌으로써 원하는 $8 \times 7 \times 6$만 얻어낸 거야.

이것이 바로 순열이고 8개 국가 중에 금, 은, 동이 결정될 경우의 수는

336가지 경우가 있다는 걸 알 수 있어. 보통은 이걸 $n\mathrm{P}k = \dfrac{n!}{(n-k)!}$ 라고 표현하는데 n이 8개 국가이고 k는 뽑아낼 국가(금, 은, 동)가 되는 거야.

이제 조합을 볼까. 조합은 금, 은, 동 구분하지 않고 메달만 따면 다 같은 것으로 쳐주는 방식이야. 축구 금메달이 멕시코, 은메달이 브라질, 동메달이 한국이었지만 구분 안 하고 3국 모두 우승이라고 치는 거지. 3개 국가가 만들 수 있는 경우(즉 3!＝6)를 뭉뚱그려버리니 당연히 앞에서 본 순열보다 경우의 수가 적어질 거야. 원래 브라질, 멕시코, 한국이 금, 은, 동메달을 따는 경우의 수는 6가지가 있었어(멕시코-브라질-한국, 멕시코-한국-브라질, 한국-브라질-멕시코, 한국-멕시코-브라질, 브라질-한국-멕시코, 브라질-멕시코-브라질), 그런데 이 6가지 경우를 모두 하나의 경우라고 보는 거야. 6가지 경우가 하나가 되어버리니 원래 336가지 경우의 수를 6으로 나눠줘야지, $\dfrac{336}{6} = 56$. 그럼 이걸 식으로는 어떻게 쓰면 될까?

원래 쓰던 $\dfrac{n!}{(n-k)!}$ 에다가 $\dfrac{1}{k!}$ 로 한번 나눠주면 되는 거야.

정리하면, $\dfrac{n!}{(n-k)!\,k!} = n\mathrm{C}k$ 가 돼.

순열과 조합은 확률을 시작할 때 기본개념일 뿐 아니라 실생활에도 많은 도움이 되니 알고 있도록 하자. 금, 은, 동을 구별하려면 순열, 전체 메달수로만 따지려면 조합이다 알았지?

아…… 그리고 순열, 조합은 14세기쯤 게르손(Levi ben Gershon 또는 Gersonides)이라는 유대인이 최초로 정리를 한 것인데, 이항정리에 쓰이는 파스칼의 삼각형을 연구하다가 일정한 규칙이 있는 것을 발견하고 체계적으로 정리한 거야.

고등학교 수학의 사건일지

구분	해당챕터	인물	내용	시기
미적분	Day 24	제논	제논의 역설로 무한 개념의 문제점 제기	−500 (기원전 5세기
수학 I	Day 4	유희	『구장산술』에 연립방정식 등 정리	263
수학 II	Day 18	바스카라, 브라마굽타	삼각비인 사인 발견	7세기경
수학 I	Day 4	알콰리즈미	근의 공식을 발견	8세기경
수학 I	Day 2	피보나치	아랍에서 배운 곱셈공식을 유럽에 소개	1202
수학 II	Day 18	레기오몬타누스	여러 종류의 삼각비, 삼각법을 체계적으로 정리하여 유럽에 소개	1464
수학 II	Day 18	프리시위스	사인법칙 이용한 삼각측량법 소개	1533
수학 I	Day 5	카르다노	3차 방정식의 해법 소개	1545
수학 I	Day 2	자일랜더	임의의 수로 n 소개	1575
수학 I	Day 2	비에트	기호를 사용하는 대수학 도입	1579
수학 I	Day 6	봄벨리	허수의 계산방법 소개	1579
수학 I	Day 9	갈릴레오	포물선 연구	1592
수학 I	Day 9	케플러	타원 연구	1609
수학 II	Day 16	네이피어	로그 계산법 소개	1610
수학 I	Day 2	데카르트	미지의 수를 표시하는 데 x 사용	1637
수학 I	Day 7	데카르트	평면좌표 도입	1637
수학 II	Day 16	그레구아르 생뱅상	쌍곡선과 로그의 연관성을 알아내어 e를 발견	1649

구분	해당챕터	인물	내용	시기
수학 I	Day 4	뉴턴	방정식의 이론, 근과 계수의 관계에 대해 연구	1665
미적분	Day 23	뉴턴	미적분 발명	1665
미적분	Day 23	라이프니츠	미적분 발명	1675
수학 I	Day 6	월리스	음수(−)를 사용해야 함을 주장	1685
수학 II	Day 17	코츠	그리스 시대부터 내려오던 라디안/호도법을 현재 교과서 수준으로 정리	1714
수학 II	Day 20	오일러	삼각함수의 미적분 소개	1755
수학 I	Day 9	오일러	2차 방정식의 그래프에 대해 현재 교과서 수준으로 정리	1765
수학 I	Day 6	오일러	허수의 기호 i 소개	1777
수학 I	Day 6	베셀	복소평면 소개	1797
수학 II	Day 19	케스트너	사인함수 소개	1800
미적분	Day 25	코시	부등식을 이용하여 극한을 증명: 미적분을 수학적으로 증명	1821
수학 I	Day 4	실베스터	판별식 발명	1853
수학 II	Day 11	불	집합과 명제를 논리학으로 정리	1854
수학 II	Day 11	칸토어	집합의 개념을 정의 및 정리	1872
수학 II	Day 12	데데킨트	수의 체계: 무리수를 정의	1872
수학 II	Day 12	칸토어	수의 체계: 초월수, 무리수에 대해 설명	1874

참고문헌

· Alex Bellos, *The Grapes of Math*, Simon and Schuster, New York, 2014.

· Amir Aczel, *A Strange Wilderness*, Sterling Publishing, Toronto, 2011.

· Barry Mazur, *Imagining Numbers*, Farrar, Straus and Giroux, New York, 2003.

· Carl Boyer, *History of Analytic Geometry*, Dover Publications, New York, 2004.

· Egmont Colerus, *Mathematics for Everyman* (translated), Dover Publications, New York, 2002.

· Eli Maor, e: *The Story of a Number*, Princeton University Press, Princeton, 1994.
  (한국어판 : 『오일러가 사랑한 수』, 경문사, 2000)

· Florian Cajori, *A History of Mathematical Notations* (Two Volumes Bound as One), Dover
  Publication, New York, 1993.

· Frank Swetz, *The European Mathematical Awakening*, Dover Publications, New York, 2013.

· Keith Devlin, *The Language of Mathematics*, Holt Paperback, New York, 2000.
  (한국어판 : 『수학의 언어』, 해나무, 2003)

· Morris Kline, *Mathematics and the Physical World*, Dover Publications, New York, 1959.

· Morris Kline, *Mathematics for the Non mathematician*, Dover Publications, New York, 1967.

· Morris Kline, *Mathematics in Western Culture*, Oxford University Press, New York, 1953.
  (한국어판 : 『수학, 문명을 지배하다』, 경문사, 2005)

· Morris Kline, *Mathematics: The Loss of Certainty*, Fall River Press, New York, 1980.
  (한국어판 : 『수학의 확실성』, 사이언스북스, 2007)

· Paul Lockhart, *Measurement*, Harvard University Press, Massachusetts, 2012.

· William Dunham, *Journey Through Genius*, Penguin Books, New York, 1991.

찾아보기

청소년을 위한
최소한의 수학 1

1판 1쇄 펴냄 2016년 4월 25일
1판 6쇄 펴냄 2023년 6월 15일

지은이 장영민

주간 김현숙 | **편집** 김주희, 이나연
디자인 이현정, 전미혜
영업·제작 백국현 | **관리** 오유나

펴낸곳 궁리출판 | **펴낸이** 이갑수

등록 1999년 3월 29일 제300-2004-162호
주소 10881 경기도 파주시 회동길 325-12
전화 031-955-9818 | **팩스** 031-955-9848
홈페이지 www.kungree.com
전자우편 kungree@kungree.com
페이스북 /kungreepress | **트위터** @kungreepress
인스타그램 /kungree_press

ⓒ 장영민, 2016.

ISBN 978-89-5820-372-8   03410
ISBN 978-89-5820-374-2   03410(세트)